U0085737

238個
料理的爲什麼？
└─小小米桶的不失敗廚房

出版\菊

Part 1
豬、牛、雞肉美味更加分的 ⑧③ 個關鍵重點

豬・豬腳、五花肉塊、排骨、肉絲、
絞肉、豬排

Part 2

海鮮、蛋、豆腐鮮嫩嫩上桌的 77 個必學技巧

Part 3
蔬菜、飯麵、湯輕鬆零失敗的 78 個精準訣竅

238 個料理的為什麼？

讓您下廚零失敗，大成功！

西方有句諺語：「魔鬼藏在細節裡」（The devil is in the details），小細節往往容易讓人忽略，造成功虧一簣。做菜也是相同道理，看似不起眼的小動作，卻是一道菜好吃與否的大關鍵。

我的先生是香港人，婆婆每天都有煲湯的習慣，剛結婚時公婆給了我張手抄的老火湯方，都是些婆婆平日煲的湯水，當然婆婆是經驗老道的煲湯高手，我這初生之犢哪能一下就比的上。明明一樣的材料，一樣的做法，甚至是特意料多水少，但我煲出來就是和婆婆的相差好多好多，水都燒掉超過一半了，湯還是不夠香濃，總覺少了一味。

後來與先生搬回香港，我才有機會跟著婆婆身邊學習，經過長時間的觀察，這下終於讓我找出原因啦，問題原來出在火候的三階段變化，難怪我怎麼努力嘗試，湯的味道就是不對。所以看似不起眼的「小細節」卻是絕對不可遺漏的「大關鍵」。也因為煲湯的啟發，讓我萌生起這本食譜書的想法。

以前我以為食譜圖片放多多，一個動作配上一張圖，文字也寫的落落長的超詳細，就算是好。從沒想過 ..... 那只是告訴讀者朋友們「請你跟我這樣做」，卻沒說出「為什麼要這麼做的理由」。就好比我有婆婆的煲湯秘笈，但我是生手會用自我的想法去理解，以為少了一個小動作，沒關係，起不了影響，但完成的料理反而大大走味或失敗。

因此這本食譜書我做了與以往不同的改變，又由於我的堅持，辛苦了出版社的編輯團隊們。書裡的步驟圖片必須整齊排列，方便閱讀；每張圖除了對應到做法外，還要加入密技與提點，希望跟著食譜操作的讀者朋友們都可以零失敗，大成功！

甚至是將整本書的密技與提點學會並融會貫通，以後不管作什麼料理，只要碰到類似的食材與料理手法，都難不倒喔～

最後 我要感謝出版社的編輯團隊們，辛苦大家了。謝謝總編用心尋找我心目中理想的新書預購贈品，就怕我會失望。還有親愛的松露玫瑰，在我遇到了低潮與體力上的挑戰時，松露姐一直在身邊鼓勵著我，適當的給我建議與開導，我們常常一起討論攝影技巧與料理有關的知識，謝謝松露姐姐。還有我最親蜜的丈夫 --- 老爺，謝謝他不只要當我的試菜小白老鼠，還要忍受忙到無法共同維持家裡整潔，老爺得自己一肩扛起家務，在我手酸疼的要命時，會幫我按摩揉揉手。還要謝謝讀者朋友們，一直以來對小米桶的肯定與支持，謝謝大家喔！

● 3500萬人次點閱
暢銷食譜部落客 ---吳美玲

全職家庭主婦，業餘美食撰稿人
跟著心愛丈夫(老爺)愛相隨的世界各國跑
廚齡十年，在廚房舞鍋弄鏟的日子比睡眠時間還長
2005年「小小米桶的寫食廚房」開站
http://www.wretch.cc/blog/mitong
至今，點閱人次突破三千五百萬！
著有：暢銷食譜「小小米桶的超省時廚房：88道省錢又簡單的美味料理，新手也能輕鬆上桌！」、「小小米桶的無油煙廚房：82道美味料理精彩上桌！」、「新手也能醬料變佳餚90道：小小米桶的寫食廚房」

最希望的是 --- 同心愛老爺一起環遊全世界
最喜歡的是 --- 窩在廚房裡進行美食大挑戰
最幸福的是 --- 看老爺呼嚕嚕的把飯菜吃光光

本書的計量
● 材料標示中，1杯＝240cc、
　1大匙＝15cc、1小匙＝5cc。
● 1台斤＝600公克、1公斤＝1000公克。

本書的注意事項
● 適量：依個人口味喜好所用的份量
　少許：略加即可。
● 調味料中的醬油鹹度會因品牌的不同，導致成品口感的差異，請以家中的醬油鹹度來調整用量，以避免過鹹，或是鹹度不夠。
● 高湯＝以大骨或雞肉所熬煮的湯，也可以利用市售高湯，或以清水加高湯塊來取代。

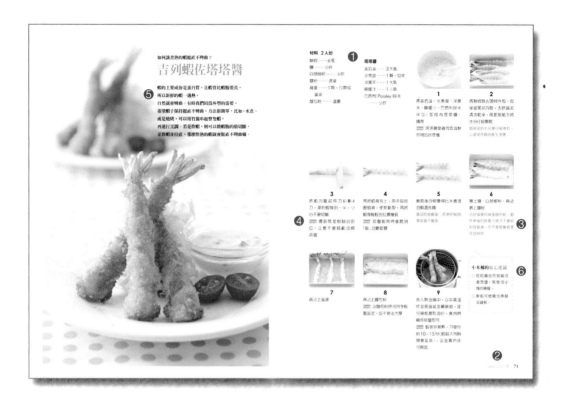

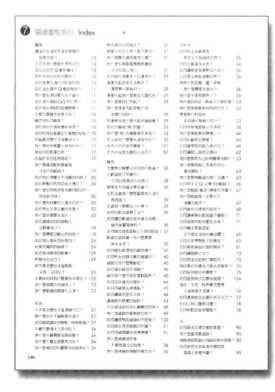

❶ 每道都有材料、做法，更詳細列出料理份量

❷ 分類：依食材分類介紹，方便查閱。

❸ 關鍵的重點！將每道菜，每個步驟的重點以不同顏色標示出來！

❹ 注意Note！每個步驟需要特別注意的地方，統統告訴您！

❺ 料理名稱以及應用訣竅：如何讓這道料理更成功的必讀TIPS！

❻ 小米桶的貼心建議：讓您100%精準掌握所有步驟，美味料理大成功！

❼ 快速索引！按照食材分類，馬上找到您需要的答案！

Part 1 豬、牛、雞肉美味更加分的 83 個關鍵重點

如何滷出彈牙 Q 嫩的豬腳？

啤酒豬腳

啤酒在料理中可以產生意想不到的效果，
比如：用啤酒調成麵糊當炸衣，可讓炸物脆又香；
用啤酒揉麵團，烤出的麵包，帶有類似肉香的味道；
用啤酒代替水來滷肉，不僅肉易於熟爛，也能讓
肉質鮮嫩不肥膩、香氣濃郁、風味獨特；啤酒還具有
除腥提鮮的效果，讓菜餚變得更加鮮嫩味美，
所以很適合用來滷豬腳、滷牛肉、或是燉鴨肉。

1

取一鍋，放入洗淨的豬
腳，再倒入適量的水，煮
滾後續煮約10分鐘
以冷水下鍋，可將血水污物
邊加熱邊釋放出來。若是熱
水下鍋，豬腳一遇熱，肉質
緊縮，血水污物就被鎖在肉
裡了

2

再撈起豬腳洗淨，泡入冰
水，或冰塊裡降溫，備用
豬腳汆燙後泡入冰水，可以
大大提升 QQ 的口感

3

熱油鍋，放入薑片、蒜頭、
蒜苗、紅辣椒、肉桂、八
角，炒出香味
將辛香料爆香，可讓滷汁風
味更佳

4

放入豬腳、醬油、冰糖、
啤酒
啤酒可以軟化肉質外，還能
讓肉吃起來帶有淡淡的酒香

5

大火煮開後轉小火滷約
90分鐘，即完成
滷好後也可以打開鍋蓋，轉
大火燒出黏稠膠質，並收
汁，豬腳會更加好吃喔

小米桶的貼心建議

◎ 建議使用玻璃瓶裝
的啤酒，易開罐式
的啤酒苦味較玻璃
瓶的重。

◎ 我用的是超市罐裝
的肉桂棒，也可到
中藥店買桂皮。

材料　4～6人份

豬腳 …… 800公克
啤酒 …… 1大瓶，
　　約650～700毫升
薑片 …… 3片
蒜頭 …… 5瓣
蒜苗(或蔥) …… 2根
紅辣椒 …… 1根

肉桂(或桂皮)
　　…… 1小枝，可省略
八角 …… 2粒

調味料

醬油 …… 100毫升
冰糖 …… 2大匙

讓滷肉或滷味色澤金燦燦的秘密武器？

家常紅燒肉

想要滷出金燦燦的滷肉或滷味，重要的關鍵就在於炒糖色。
單單只用醬油，滷出來的成品較容易黑黑暗暗的，
外觀上並不怎麼好看，但是加了糖色後就會很不一樣唷！
因為炒糖色可以增加滷菜的顏色，使其產生一層亮亮的金黃醬色，
還能增加香氣，讓滷菜的色香味更突出。
有機會大家可以試試，滷東西時不用醬油，只加糖色、鹽、糖、
五香粉、蔥薑蒜、辣椒。滷好的成品，若沒說出來，
可是不容易發現是沒用醬油去滷的喔。

材料　4人份

五花肉 ……600公克
薑 ……3片
蒜頭 ……3瓣
蒜苗(或蔥) ……1根
辣椒 ……1根
八角 ……1粒
冰糖(打碎) ……2大匙，炒糖色用
清水 ……2大匙，炒糖色用

調味料

紹興酒 ……400毫升
醬油 ……2大匙，增香用，量不用多
冰糖 ……1大匙
鹽 …… 適量

1

五花肉洗淨切長條，放入冷水鍋中，煮滾後續煮約5分鐘，撈起洗淨，再切成3公分塊狀

五花肉先汆燙再切，可讓滷好的肉保持原型，不會大小不一

2

熱油鍋，薑片、蒜頭、蒜苗、辣椒、八角炒出香味後，放入五花肉煸炒至肉表面微焦上色，盛起備用

五花肉煸炒過較 Q 嫩有彈性，但不可煸過頭，以避免瘦肉部份變乾柴

3

續以原鍋，加入2大匙的水，放入打碎的冰糖

Note 也可用白砂糖，操作起來更方便

4

以中小火慢慢煮至糖溶化炒的過程不要一直攪拌，以避免反砂結晶，只需偶爾晃動鍋身即可

5

此時糖開始轉變顏色囉

6

當糖色呈現金黃琥珀色時，即可離火，糖色即炒好了

因為肉的醬色完全是來自於炒糖色，所以是很關鍵的步驟，千萬不可炒過頭，以避免發出苦味

7

接著加入做法②的五花肉，翻炒至肉裹上糖色

Note 當糖色炒到呈現淡黃色時，可以先關爐火，利用餘熱讓糖色轉成琥珀色，等五花肉放鍋中時，才開小火翻炒

8

加入紹興酒、醬油，以及做法②炒過的薑片、蒜頭、蒜苗、辣椒、八角用紹興酒代替水，可以有效的去除腥味，還能增加酒香氣，讓紅燒肉更美味

9

大火煮滾後，轉小火滷約1小時

Note 「少著水，慢著火，火候足時它自美」這就是紅燒肉的真諦啊

10

打開鍋蓋，加入鹽以及冰糖調整口味，並轉大火，將醬汁收乾，即完成

Note 收汁過程中，可以邊收邊加鹽以及冰糖，調整成喜愛的鹹度與甜度

小米桶的貼心建議

◎ 滷肉要好吃，肉的選擇也很重要，可以選擇梅花肉，或是靠近豬前腿（也就是胸部肋骨部位）的五花肉，這部位的肉較軟嫩，久滷也不乾柴。

◎ 炒糖色可分：油炒、水炒、或油水混合炒。新手則建議用水炒，簡單易上手。

◎ 冰糖可用白砂糖替代，但冰糖炒出的糖色較油亮有光澤，且冰糖要打碎才較好操作，可用調理機打碎。

◎ 若是鍋具密閉性不佳，水份容易蒸發，可再增加紹興酒的用量。若是燉煮中不得已要再加水，則要加滾水。

肉要怎麼醃才容易入味？

草莓咕咾肉

肉要醃入味，除了將肉拍鬆，或是用叉子刺小洞，讓味道容易進入肉裡，
調味料放的順序也是關鍵喔！可以先加入醬油、酒、鹽、糖、胡椒粉...等
調味料，並抓拌至被肉吸收後，才再加入太白粉或香油。
若是沒有分順序一次全下，調味料可能會先被太白粉吸收，
並且肉也會被香油包覆住，造成調味料被阻隔在外，無法進入肉裡。

小米桶的貼心建議

◎ 梅花肉的肥肉越多，
　 炸好的肉塊則越鬆
　 化軟嫩。

◎ 梅花肉可以替換成
　 排骨或是雞肉。

材料　4人份

豬梅花肉 ……300公克
洋蔥 ……1/4個
小黃瓜 ……1根
草莓 ……6顆
粗粒地瓜粉（太白粉亦可）
　…… 適量
蒜頭 ……1瓣，切碎

醃料

醬油 ……1大匙
米酒 ……1小匙
鹽 …… 少許
糖 ……1/4小匙
白胡椒粉 …… 少許
清水 ……1大匙
雞蛋 ……1粒
太白粉 ……1小匙
香油 ……1小匙

草莓酸甜醬

草莓果醬 ……3大匙
檸檬汁 ……1/2大匙
白糖 ……1大匙
鹽 …… 少許
清水 ……2大匙

1

將梅花肉切成2公分塊狀，加入醬油、米酒、鹽、糖、白胡椒粉、水，抓拌至水份被肉吸收
先讓肉吸收醬油、酒、鹽，之後才加入油與粉類的調料，這樣肉才能充分入味

2

再加入雞蛋、太白粉拌勻
如果一次把包括太白粉的所有調味料，拌入肉裡，那麼調味料大部份會被太白粉所吸收，肉則無法充分入味

3

再加入香油拌勻後，醃約30分鐘，備用
醃肉時油類要最後下，因為油可以包覆住肉的表層，讓肉鎖住水份與調味料

4

將洋蔥切塊；小黃瓜切滾刀塊；草莓切對半，或是1/4塊；草莓酸甜醬混合均勻，備用

5

等肉醃入味後，均勻沾裹上地瓜粉，並靜置3～5分鐘，使粉反潮濕潤，備用
等粉反潮濕潤後才下鍋油炸，就不會邊炸邊掉粉，或是粉直接化在油裡

6

取一鍋，倒入適量的油，燒至中高溫，將肉塊放入鍋中，先以中小火炸到呈淺金黃色時，再轉大火續炸到金黃色後，撈起瀝乾油份，備用
起鍋前將爐火轉大，讓油溫升高，可逼出肉塊裡的油脂

7

另取一鍋，熱鍋後加入少許油，放入洋蔥、小黃瓜翻炒至香味溢出後，盛起備用

8

續以原鍋，再用少許油爆香蒜末，倒入草莓酸甜醬煮至滾
Note 草莓果醬越煮會越酸，所以快速煮滾，即可加入炸肉塊

9

加入炸肉塊，翻炒至肉均勻沾裹住醬汁

10

最後再加入洋蔥、小黃瓜、草莓，快速翻炒均勻，即完成
洋蔥、小黃瓜最後下可以保持色澤，不被醬汁染紅；草莓遇熱會變酸變軟，也是要最後下鍋，並且快速翻炒

肉餡要怎麼拌才滑嫩多汁？

燉高麗菜封

不管是餃子、包子、蒸肉餅、肉丸子，肉餡都要有「打水」
這個動作，吃起來才會鮮嫩帶汁。「打水」就是把水打入肉中，
以同方向攪拌至水份被肉吸收。若是剛從市場買回家的常溫豬肉，
較不易吃進水，建議先冰過，才能順利打入水。肉餡打完水後，
還要再加太白粉與香油，作用是包覆住肉，將肉汁封鎖，
肉餡吃起來才會更滑嫩喔。

材料 4～6人份

高麗菜 …… 小型的1顆
豬絞肉 …… 200公克
乾香菇 …… 3朵，泡軟
　　切碎
荸薺 …… 3顆，切碎
紅蘿蔔碎末 …… 2大匙

蔥薑水

蔥 …… 1枝
薑 …… 2片
米酒(或紹興酒)
　　…… 1小匙
清水 …… 3大匙

肉餡調味料

醬油 …… 1大匙
糖 …… 1/4小匙
白胡椒粉 …… 少許
鹽 …… 適量
香油 …… 1小匙
太白粉 …… 1/2小匙

湯頭調味料

高湯 …… 300～
　　400毫升
白胡椒粉 …… 少許
鹽 …… 適量

 小米桶的貼心建議

也可以替換成大白
菜。將大白菜對半
切開後燙軟，再一
層一層的掀起菜葉
鑲入肉餡。

1

用小刀將高麗菜中心的菜莖去除

Note 小刀沿著菜莖的4邊插入切斷，再將高麗菜心拉出

2

將高麗菜放入水滾的鍋中，燙至葉片變軟，撈起泡入冷水，等降溫後再瀝乾水份

Note 燙軟即可，以避免菜葉甜度流失在水裡

3

再將高麗菜中心部位的葉片取出，以挪出空間填入肉餡，備用

Note 若不好挖取，可放入水裡，較易挖起

4

將蔥與薑用刀拍扁，放入碗中加入米酒與水，用手擠抓出蔥薑汁液，再瀝出酒水，即成為絞肉用的蔥薑水，備用

打水用蔥薑水最佳，可以去除腥味，還能讓肉帶有蔥薑的香氣

5

將豬絞肉加入醬油、糖、白胡椒粉、鹽，以同一方向攪拌至絞肉產生黏性起膠狀態

豬絞肉選用肥3瘦7的比例最佳，吃起來不柴不膩。若希望肥肉少點，但又能保有滑嫩口感，則可將汆燙過的板豆腐壓成泥狀，等放蔬菜配料時再一起放入肉餡中

6

再將蔥薑水分3次加入肉中，一面加水一面攪拌至水份完全被絞肉吸收

100公克的肉大約能打入40~60毫升的水，尤其是餛飩餡，水量可再增加，將肉拌成水餡

7

加入香油、太白粉攪拌均勻

Note 香油、太白粉太早放會阻礙肉吸收蔥薑水，所以要最後才拌入

8

再加入香菇碎、荸薺碎、紅蘿蔔碎，混合均勻成為肉餡，備用

蔬菜配料需在最後步驟才加入，以避免蔬菜過早出水，或是影響絞肉的黏性

9

將肉餡填入高麗菜內部

Note 邊填邊用手將肉餡壓緊實

10

再將先前取出的中心部位葉片放回高麗菜內

Note 若是家中有棉線，可以將整顆高麗菜綁緊固定

11

再將鑲有肉餡的高麗菜放入大小適中的鍋裡，加入湯頭調味料

12

蓋上鍋蓋，煮滾後，轉小火燉煮約30分鐘，即完成

Note 可將燉好的高麗菜封取出，將鍋裡湯汁勾芡，再淋入切小份的高麗菜封上

如何讓豬排的肉質鬆化又軟嫩多汁？

香滷炸豬排

豬肉可以選擇梅花肉或是里肌肉。先用肉槌拍打，將肉筋打斷，
使肉質放鬆變軟。醃的時候則加適量的水抓拌至肉吸收，
這樣就能做出鮮嫩帶汁的美味豬排囉。
炸豬排因外層已裹了一層炸衣，所以不用擔心肉汁流失。
若是用煎的豬排，則只需在醃料中增加太白粉，並且鍋要燒夠熱才放入
豬排煎，先煎至底部微焦上色，才翻面續煎至熟，
也就是不要一直做反覆翻面動作，這樣就能鎖住肉汁囉。

材料 4人份

厚約1公分的豬里肌排
……4片
帶顆粒的地瓜粉
……適量

醃料

醬油 ……1大匙
米酒 ……1大匙
糖 ……1/2小匙
五香粉 …… 少許
清水 ……3大匙
蒜末 ……1小匙
太白粉 ……1/2大匙

滷汁用料

蒜頭 ……3瓣
薑片 ……2片
蔥 ……2枝
紅辣椒 ……1根
醬油 ……3大匙
糖 ……1小匙
清水 ……400毫升

1

將豬排洗淨,用廚房紙巾擦乾,再用刀把豬排外圍的白色肉筋切斷
切斷肉筋可使肉質舒展放鬆,炸時邊緣不會捲曲緊縮

2

再用肉槌拍成厚約0.5公分的大片狀
槌打的作用是將肉筋打斷,使肉質放鬆變軟,炸後的口感較軟嫩

3

將拍鬆的豬排加入醃料,用手抓拌至水份被肉吸收,再靜置醃約至少30分鐘,醃隔夜更佳
醃料中加了3大匙的水,經過抓拌動作讓肉吸收,可使炸好的豬排鮮嫩帶汁

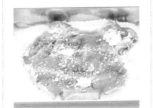

4

將醃好的豬排放入地瓜粉中,用手掌按壓讓粉沾緊,翻面再以同樣動作沾粉後,拿起豬排輕輕抖掉多餘的地瓜粉
抖掉多餘的粉,以避免裹粉厚重,炸熟後鮮美的肉汁才不會給粉皮吸掉,也不會感覺都是在吃粉皮

5

再將裹好粉的豬排靜置3~5分鐘,使粉反潮濕潤,備用
等粉反潮濕潤後才下鍋油炸,就不會邊炸邊掉粉,或是粉直接化在油裡

6

取一鍋,倒入適量的油,燒至中高溫,將豬排放入鍋中,先以中小火炸到呈淺金黃色時,再轉大火續炸到金黃色,以逼出肉裡的油脂,撈起瀝乾油份,備用

小米桶的貼心建議
家中若無肉槌,可用擀麵棍、酒瓶替代,或是用刀背輕拍。

7

另取一鍋,熱鍋後加入少許油,放入蒜頭、薑片、蔥、紅辣椒,炒出香味
Note 將辛香料爆香,可讓滷汁風味更佳

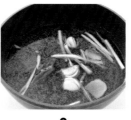

8

加入滷汁用料中的醬油、糖、清水,煮滾後轉小火續煮約10分鐘
先將滷汁煮出香味,再放入炸豬排滷煮,這樣就不怕豬排煮過爛而還不夠香

9

再將炸豬排放入滷汁鍋中,以小火煮約3分鐘,熄火續泡在滷汁裡約2分鐘後,撈出瀝乾滷汁,即完成
滷好續泡在滷汁裡,可讓豬排持續吸入滷汁,食用時更加軟嫩多汁

如何炒出滑嫩又不油膩的肉絲？

茭白筍炒肉絲

肉絲切的方式要正確，先順紋切片再逆紋切成絲，
這樣口感好，炒熟也不會散成肉碎。
醃肉時則可加入適量的清水抓拌至肉吸收，
再拌入太白粉與油，以達到封住肉汁的效果。
最後就是鍋溫要夠熱，肉下鍋後，包覆在表面的醃料
才能迅速凝結不脫落，並形成保護膜鎖住肉汁，
並阻隔油脂進入肉裡，這樣炒熟的肉絲就會滑嫩帶汁
又不油膩喔。

材料　4～5人份

豬里肌肉 …… 120公克
茭白筍 …… 3根，
　　約200公克
黑木耳 …… 25公克
紅蘿蔔 …… 1/3根
蒜頭 …… 1瓣，切碎
高湯或清水
　　…… 100毫升

米酒 …… 1小匙
清水 …… 1/2大匙
太白粉 …… 1/2小匙
炒菜油 …… 1小匙

調味料

鹽 …… 適量
雞粉 …… 1/2小匙，
　　若有加高湯則省略
白胡椒粉 …… 少許
香油 …… 1小匙

醃料

醬油 …… 1小匙
鹽 …… 少許

1

將里肌肉放入冷凍庫稍微
凍硬後，先順著肉紋切薄
片，再逆紋切成肉絲
● 肉放入冰箱凍硬後較好切
● 先順紋切片，再逆紋切
絲，炒熟後就不會散成肉碎

2

將肉絲加入醬油、少許
鹽、米酒拌勻，再加入清
水，抓拌至水份被肉吸收
加入清水抓拌至水份吸收，
可讓肉絲口感滑嫩帶汁

3

再加太白粉拌勻，備用。
等肉絲下鍋前，再拌入
1小匙炒菜油
太白粉具有滑嫩的效果，而
拌入炒菜油有潤滑作用，肉
絲下鍋後較不易黏成一團

4

茭白筍切絲；黑木耳切
絲；紅蘿蔔切絲，備用
Note 肉絲與蔬菜配料分開
炒，這樣才能保持肉的鮮
嫩，蔬菜配料也能熟度適
中，不會過生或過熟

5

取一鍋，加入2大匙油燒
熱，爆香蒜末，再放入肉
絲，用筷子邊炒邊撥散，
再將肉絲倒入網勺中瀝
油，備用
肉炒至變色約5分熟即可，
以保持肉質的嫩度

6

續用原鍋，加入先前炒肉
絲瀝出的油，將茭白筍、
黑木耳、紅蘿蔔炒香，並
加入高湯煨煮至熟

7

再加入肉絲、鹽、雞粉、
白胡椒粉，翻炒均勻，並
調整鹹度
炒茭白筍不適合加醬油，這
樣炒出來的茭白筍才會又白
又好看

8

起鍋前再淋入香油拌勻，
即完成

菱白筍炒肉絲
☞ P.20

芋頭蒸排骨
☞ P.22

小米桶的 貼心建議

排骨要好吃，選用的部位也是關鍵之一，建議選用肚腩中段部位的肋排骨，肉質軟嫩又易熟。

如何蒸出又滑又嫩的排骨？

芋頭蒸排骨

港式飲茶的豉汁蒸排骨一直是大家的最愛，
其實在家也能輕鬆製作喔，只要注意幾個小細節即可：

1. 排骨滑嫩的原因之一是蒸的時間短，所以排骨要剁小塊。
2. 加調料醃製前，要先泡水20分鐘，將骨頭裡的血水去除，
   這樣蒸好的排骨才會潔白漂亮無腥味。
3. 將排骨裹上薄薄的太白粉，可以鎖住肉汁，讓口感滑嫩。
4. 旺火快蒸，排骨與豬肉在剛熟時是最嫩的，或是要經過
   長時間燉至軟爛，而介於兩者不上不下的時間，則是最
   硬的喔。

材料　4人份

排骨(肚腩部位)　……350公克，剁1.5公分	調味料	
	醬油 …… 1/2小匙	
芋頭 …… 1/6個，約200公克	米酒 …… 1大匙	
紅辣椒 …… 1根	鹽 …… 1/4小匙	
豆豉 …… 1小匙	雞粉 …… 1/2小匙	
炒菜油 …… 1大匙	糖 …… 1小匙	
蒜末 …… 1大匙	白胡椒粉 …… 少許	
薑末 …… 1/4小匙	清水 …… 2大匙	
蔥花 …… 少許	太白粉 …… 1/2大匙	
	香油 …… 1/2小匙	

1

將排骨用清水浸泡約20
分鐘，中途要多換幾次
水，直至肉色發白

泡水可以去除骨頭內的血
水，達到去腥味效果，但不
可泡水過久，造成肉的鮮
味流失

2

辣椒切片；豆豉用少許米
酒浸泡，備用

Note 辣椒、豆豉用量不用
多，主要是增加香氣與色
彩裝飾

3

芋頭切成0.5公分片狀，
平鋪於盤中，再入鍋中蒸
約10分鐘，備用

蒸排骨的時間不長，所以預
先將芋頭蒸至半熟

4

取一鍋，以1大匙炒菜油
將蒜末、薑末爆出香味，
成為蒜薑油，盛起備用

蒜末、薑末爆香後，可以提
升香氣

5

將排骨擦乾水份，加入
調味料(太白粉、香油除
外)，充分抓拌至水份完
全被排骨吸收

Note 先讓排骨吸收鹹味，
才加入太白粉、香油，這
樣排骨就能充分入味

6

加入太白粉拌勻，再加入
蒜薑油、香油，混合均勻，
靜置醃至少30分鐘使其
入味，備用

Note 太白粉、蒜薑油、香
油，具有滑嫩、封住肉汁
的作用

7

將排骨不堆疊的平鋪在做
法③的芋頭上面，再放辣
椒片、豆豉

Note 排骨若是放入冰箱冷
藏等待入味，則蒸之前要
預先取出回溫，否則蒸的
時間會不夠

8

再放入水滾的蒸鍋中，以
大火蒸約15分鐘，取出撒
上少許蔥花，即完成

Note 也可以在煮米飯時，
架上蒸架一同蒸煮

香辣粉蒸肉
☞ P.24

市售的蒸肉粉不是過鹹，就是辛香味過重，
容易喧賓奪主，吃不到肉本身的鮮味。所以可以自己
製作蒸肉粉，喜歡辣味的用朝天椒與花椒；
喜歡五香的則用八角；甚至還可以加入咖哩粉，
成為咖哩蒸肉粉喔！蒸肉粉會吸收肉的油脂與肉汁，
為避免肉汁被粉吸乾，造成肉質乾柴，可在醃肉時
加水讓肉吸收；若肉本身油脂不多，
則拌入香油或是炒菜油，增加潤度。

辣炒九層塔豬肉
☞ P.25

小米桶的貼心建議

老抽主要是增加醬色，不會影響調味，
家中若無則可省略。

香辣粉蒸肉

材料　4人份

梅花肉 ……350公克
地瓜 ……2根
蔥花 …… 適量

調味料

蒜末 ……1大匙
米酒 ……1大匙
辣豆瓣醬 ……1大匙
甜麵醬 ……1大匙
糖 ……1小匙
清水 ……2大匙
香油 ……1大匙

蒸肉粉

白米 ……1/4量米杯
糯米 ……1/4量米杯
八角 ……2顆
乾辣椒 ……4～6根，
　　依辣度決定
花椒 ……1小匙

◎ 肉可以改用排骨，
　或是五花肉切片、
　切方塊皆可。

◎ 粉蒸肉白米與糯米
　比例，可依喜好口
　感調整。糯米越
　多，蒸肉粉黏性越
　高；相對的若全用
　白米，則蒸肉粉較
　鬆散。

1

將梅花肉洗淨，擦乾水份，切塊狀，加入調味料(香油除外)，抓拌均勻後，靜置醃約至少30分鐘，備用
粉蒸肉要好吃，肉本身的油脂與水份不可少，所以醃肉時可加水讓肉吸收

2

利用醃肉時間製作蒸肉粉。將米放入鍋裡，以中火乾炒
Note 米不需水洗，若洗過，炒時易互相沾黏

3

等米炒至淡黃色時，加入剝散的八角、乾辣椒、花椒，續炒約2～3分鐘，待涼後，拿掉八角、乾辣椒、花椒
Note 打碎炒米時可將一小瓣的八角放入同打，香氣更足；或是一根辣椒，增加辣度

4

等米完全變涼後，放入調理機，稍微打成碎顆粒狀，即成為蒸肉粉，備用
勿打過碎，需帶粗粒，否則蒸好不會帶有顆粒狀，賣相不好看，口感也濕黏

5

地瓜洗淨去皮，切成滾刀塊，鋪在盤底，備用
Note 也可以用芋頭、南瓜，或是荷葉、粽葉墊底，增加香氣

6

將醃好的肉加入蒸肉粉混合均勻，再加入香油拌勻

7

將肉一塊塊的平鋪在地瓜上面
Note 肉不要一團或堆疊的放上去，否則不易蒸熟，或是熟度不均

8

再放入水滾的蒸鍋中，以中火蒸約90分鐘後，取出撒上蔥花，即完成
鍋裡的水若快燒乾，需添加滾水，以維持溫度將肉蒸熟

絞肉要怎麼炒才會鬆散、又香、又好吃？

辣炒九層塔豬肉

好吃的炒絞肉，除了選購新鮮的肉之外，
就在於如何炒出肉本身的香氣。若是絞肉帶有血水，
請先用廚房紙巾將血水吸乾。當絞肉下鍋後不要急著
翻動，因為肉一下鍋，鍋溫會迅速下降，
所以先讓鍋子集熱，把接觸鍋面的絞肉，煎到微焦並
散發出肉香後才翻面，等肉差不多變色時，
再用鍋鏟將肉搗鬆散，就能避免絞肉邊炒邊出水，
還能將鮮味通通鎖在肉裡喔！若是炒牛或雞的絞肉，
因本身油脂較少，可以增加少量的豬肉(約牛或雞3，
豬1的比例)，增加滑嫩口感。

材料　4人份

豬絞肉⋯⋯350公克
蒜末⋯⋯2大匙
薑末⋯⋯1小匙
紅辣椒⋯⋯適量，
　　依喜好辣度決定
九層塔⋯⋯1把

調味料

米酒⋯⋯1大匙
醬油⋯⋯2又1/3大匙
老抽⋯⋯1/2小匙，
　　增加醬色，可省略
糖⋯⋯1/2大匙
白胡椒粉⋯⋯適量
清水⋯⋯2大匙

1

取一鍋，倒入適量的油，
燒熱後，將豬絞肉放入鍋
中，先用鍋鏟稍微攤平成
一大餅狀
將絞肉攤平，有助於受熱
均勻

2

暫時不要急著去翻動絞
肉，先讓接觸鍋面的絞肉
煎至微焦
不要急著翻動，先讓鍋子集
熱，否則鍋子的熱度不夠，
就無法鎖住肉汁囉

3

等接觸鍋面的絞肉煎至散
發出肉香時，就可以翻
面，並開始用鍋鏟將絞肉
搗鬆散
Note 只做搗碎的動作，不
翻炒，因為要讓鍋子持續
集熱把肉煎香

4

肉差不多都變色時，就可
以加入蒜末、薑末、紅辣
椒，翻炒至香味四溢
蒜末、薑末等絞肉炒變色後
才下鍋，則可以避免炒焦

5

接著將米酒嗆入鍋內，翻
炒數下，再淋入醬油拌炒
均勻
Note 嗆入米酒可以去肉
腥，而醬油跟著肉一起煸
炒香氣更足

6

再加入老抽、糖、白胡椒
粉、清水，拌炒

7

再放入九層塔
起鍋前才加入九層塔，香
氣足，且塔葉也不會因過
熟變黑

8

快速翻炒均勻，即完成

牛肉要怎麼炒才會滑嫩可口？

蔥爆牛肉

建議選用牛里肌(牛柳)的部位，且肉要逆紋切片，讓纖維變短，
吃起來才會嫩。牛肉喜甜忌鹹，所以醃肉時的步驟很重要，
先加入水與蛋白，讓肉吸飽水份，再下醬油、糖 ... 等等的調味料，
再拌入太白粉與油，達到封住肉汁的效果，最後以熱鍋溫油的過油方式
斷生，再與炒至八九分熟的配料大火快炒，就能炒出滑嫩可口的牛肉囉。

材料　4人份

牛柳 ……250公克
蔥 ……10枝
薑 ……1片
紅辣椒 ……1根

醃料

清水 ……2大匙
蛋白 ……2小匙
米酒 ……1小匙
醬油 ……1小匙
糖 ……1/2小匙
太白粉 ……1小匙
香油 ……1小匙
炒菜油 ……2小匙

調味料

蠔油 ……1大匙
米酒 ……1小匙
糖 ……1/4小匙
鹽 ……1/8小匙
太白粉 ……1/4小匙

1

將牛肉以逆紋(刀子與肉的紋路成垂直)的方式切成薄片

牛肉的纖維粗，以逆紋的方式把肉的纖維切斷，讓纖維變短，吃起來會較嫩、較容易咬斷

2

將牛肉先加入清水拌勻，再加入蛋白抓拌至被肉吸收，再拌入米酒、醬油、糖

牛肉吸水性強，水吸的越多就越嫩，但水吸的過多，肉的鮮味就會變淡，適量即可；蛋白則有滑嫩鎖水的作用

3

再依序加入太白粉、香油拌勻，醃約30分鐘，備用

Note 太白粉、香油有滑嫩、封住肉汁的效果

4

蔥切段，並將蔥白、蔥綠分開；薑切絲；紅辣椒去籽切片；調味料預先混合均勻，備用

5

將醃好的牛肉加入炒菜油拌勻

下鍋前拌入油，具有潤滑效果，可讓肉片較易炒散開來，而且肉過油時，先前拌入的油又會回到油鍋裡

6

熱鍋，倒入稍多的油(約3大匙)，放入牛肉以筷子撥散過油後，盛起瀝油，備用

Note 油燒至中溫後，即可放入牛肉，以溫油的方式，將牛肉快速炒至變色

7

續以原鍋，鍋中留下少許油，放入薑絲、紅辣椒片、蔥白，爆炒出香味

Note 蔥綠太早放會變暗色，味道也不好，所以等起鍋前再放入拌炒

8

再放入牛肉與調味料，大火快速拌炒

調味料預先拌勻，快速的一次下鍋，就能縮短牛肉在鍋裡的時間，以保持嫩度

9

最後再撒入蔥綠翻炒均勻，即完成

如何做出滑嫩多汁的漢堡排？

燉煮漢堡排

1.豬、牛絞肉混用，因為單用牛肉口感會較澀，而只用豬肉則少了肉香；2.洋蔥炒至淺咖啡色後，再拌入肉裡，可以提升洋蔥甜度與香氣；3.麵包粉吸飽牛奶，再拌入肉餡後，會躲在肉的縫隙中，吸住最原味、最香甜的肉汁；4.生肉排整成中間較凹陷的餅狀，就不怕煎成半生不熟；5.煎時鍋溫要夠熱，且不可反覆翻面，更不可用鍋鏟去壓，這會讓肉汁都跑光光。只要掌握這幾個重點，就能做出充滿肉汁的美味漢堡排喔。

小米桶的貼心建議

也可將醬汁替換成照燒醬（醬油 3 大匙、米酒 3 大匙、味醂 2 大匙、糖 1 大匙、清水 4~5 大匙）。

材料 2人份

牛絞肉 ⋯⋯150公克
豬絞肉 ⋯⋯50公克，
　　肥4瘦6的比例
洋蔥（切碎）
　　⋯⋯ 中小型的1/2個
麵包粉 ⋯⋯2大匙
牛奶 ⋯⋯3大匙
雞蛋 ⋯⋯1/2的量
奶油（或炒菜油）
　　⋯⋯1小匙，炒洋蔥用

漢堡肉調味料

豆蔻粉 ⋯⋯ 少許
黑胡椒粉 ⋯⋯ 少許
鹽 ⋯⋯1/6小匙

醬汁

洋蔥 ⋯⋯ 中小型的
　　1/4個，切絲
鴻喜菇 ⋯⋯50公克，
　　可改用蘑菇
番茄醬 ⋯⋯2大匙
市售日式豬排醬
　　⋯⋯2大匙
紅酒 ⋯⋯100毫升，
　　可改用清水
黑胡椒粉 ⋯⋯ 少許

1

用奶油將洋蔥末拌炒約
10分鐘至淺咖啡色；麵包
粉加入牛奶，使其發漲，
備用
**洋蔥炒過才會釋放出甜味，
增加香氣**

2

將牛絞肉、豬絞肉放入大
盆中，加入雞蛋、漢堡肉
調味料，以同一方向攪拌
約2分鐘
**牛肉提香，豬肉增加滑嫩口
感，並且豬肥肉比例越多，
漢堡肉就越滑嫩多汁**

3

再加入炒過的洋蔥、吸入
牛奶的麵包粉
**麵包粉可以增加漢堡肉的黏
性，還能吸收肉汁，在煎的
時候就不怕肉汁流光**

4

以同一方向拌勻後，再整
團肉拿起往盆裡摔打約
1分鐘
**摔打肉餡可以增加彈性，以
及排出空氣，煎的時候才不
會散掉**

5

漢堡肉餡，均分成4等份，
塑成圓球狀，用雙手來回
輕拋，排出空氣，再整成
橢圓形，備用
**整成中間較凹陷的餅狀，就
不怕煎成半生不熟**

6

熱油鍋，放入漢堡排，以
中大火煎至底部上色
**鍋一定要燒夠熱，才可放入
漢堡排，以鎖住肉汁**

7

翻面，再煎至底部上色，
盛起備用
**煎漢堡排，忌反覆翻面，也
不可用鍋鏟去壓，會讓肉汁
流失**

8

續以原鍋，放入洋蔥絲、
鴻喜菇炒出香味

9

再加入其餘醬汁材料與漢
堡排

10

蓋上鍋蓋，煮滾後轉小火
續燜煮約5分鐘，即完成
Note 加入醬汁同煮，就不
用擔心漢堡排中間未熟，
也能讓漢堡排吸入醬汁，
吃起來更多汁

燉牛腩好吃的祕訣？

白蘿蔔炆牛腩

想燉出美味的牛肉料理，就要先了解肉的特性：牛肉纖維較粗，
喜甜忌鹹，一碰到鹽就易流失肉汁，所以西餐的牛排都是食用時才撒鹽調味。
我們燉煮牛肉時，盡量一整塊不分切，以保住肉汁與肉香，
讓肉久燉不乾柴，並以清燉方式煮至軟爛後，才分切成小塊，
再加醬料與配料煮至入味。這樣就能燉出軟嫩不柴的牛肉，
又能吃到濃郁的牛肉香。

材料 4～6人份

牛肋條(或整塊牛腩)
 ……600公克
白蘿蔔……1根
薑……6片,燉牛肋條用
熱水……可稍微淹蓋過
 牛肉的量,燉牛肋條用
陳皮……10元硬幣大小,
 可省略

調味料

紅豆腐乳(南乳)
 ……1塊
甜麵醬……1大匙
醬油……1大匙
薑……3片
冰糖……1小匙
燉牛肉的湯汁
 ……250毫升,
 不足的量,則用清水補

小米桶的貼心建議

◎ 紅豆腐乳(南乳)可在大市場,比如:南門市場,賣雜貨或醬料的店購買。

◎ 這是港式的燉牛肉做法,其實肉品質好,只需加點好醬油來調味,滋味就夠鮮美了。

◎ 燉牛肉加入陳皮可以辟腥提鮮,陳皮可在中藥店購買。

◎ 牛肉一次可以多燉一些,將肉湯分開,小份包裝,冷凍保存,之後隨時可以快速的烹煮出牛肉料理。

1

將牛肋條(整條不要切小塊)放入冷水鍋中煮滾,再邊煮邊撇掉浮沫,再撈起洗淨,備用

Note 冷水入鍋煮才能逼出肉中的血水雜質

2

另取一鍋,放入牛肋條、薑、熱水,蓋上鍋蓋煮滾後,以最小火燜煮30分鐘

煮牛肉的水量不要多,煮的途中盡量不要再加水,煮到湯汁快沒了更好,這樣精華還在肉裡,不是在湯裡

3

熄火燜約15分鐘後,再開爐火燉煮30分鐘,再熄火燜約15分鐘,循環煮燜動作約2次,至筷子可以輕鬆插入牛肉,即可將牛肉與湯汁分開,備用

循環煮燜動作,既節省瓦斯,又能燉出軟嫩的牛肉

4

將熟牛肉切成適當塊狀,白蘿蔔切大塊,陳皮泡軟,刮去內面白色的囊,備用

牛肋條直接整塊煮,肉汁不易流失,較能留住肉的鮮甜,等燉熟後要做最後階段的料理時,才分切小塊

5

將紅豆腐乳壓成泥狀,再與甜麵醬、醬油混合均勻,備用

Note 紅豆腐乳預先壓成泥,才容易拌炒均勻

6

熱油鍋,放入薑片炒香,再放入白蘿蔔、做法⑤的紅豆腐乳泥,翻炒均勻

7

加入肉湯、冰糖、陳皮,燜煮約15分鐘

8

再加入牛肉

9

燜煮約15分鐘,至白蘿蔔熟軟,即完成

Note 若還有較多的湯汁,可做勾芡收汁的動作

如何自製燒(烤)肉醬？

韓式牛小排

材料 4~6人份

牛小排 ……800公克
雪碧或七喜汽水
　　……1大罐

※ 製作完成的燒肉醬約為
　　400毫升

材料 A(煮汁)

醬油 ……100毫升
味醂 ……3大匙
白糖 ……3大匙
清水 ……100毫升
太白粉 ……1大匙
黑胡椒粉 …… 少許
月桂葉 ……1片

材料 B(果泥)

大蒜 ……2瓣
薑末 ……1/2小匙
洋蔥 …… 中小型的
　　1/4個
水梨 ……1/4個
熟成的奇異果，或蘋果
　　……1/4個

材料 C

芝麻油(香油)
　　……1大匙
白芝麻 ……1大匙

市售的燒（烤）肉醬，普遍過鹹，鈉含量也高，
吃多了不利健康。我們可以自己製作醬料，
利用水果天然的酵素，
來達到軟化肉質的效果。不只可用於燒烤，
也可以用來當炒肉的調味醬汁，比如：用來醃肉，
再與洋蔥一起拌炒，即為簡易的家常燒肉；
或是與薄肉片同炒後，再變化成燒肉米漢堡。

小米桶的貼心建議

◎ 牛小排可以替換成梅花肉片。

◎ 燒肉醬可將材料A（煮汁）一次多煮一些，等冷卻後，用夾鍊式保鮮袋分小份裝好，放入冷凍庫，約可冰凍保存1個月，之後需要用到時，取出解凍後，再加入材料B（果泥）、材料C，混合均勻，即可使用。

◎ 韓式烤肉醬的重點之一就是梨子。奇異果與蘋果則選用越熟成的越好，烤肉醬才不會偏酸，或依喜好決定是否添加。

1

將材料A拌勻煮滾後，放涼備用

2

將材料C的白芝麻放入鍋中，以小火乾炒至金黃酥香，放涼備用

白芝麻炒過才有香味，一次可以炒多一點，冷卻後密封保存，隨時取用

3

將材料B切碎塊後，放入食物調理機打成泥狀，再與冷卻的材料A充份拌勻

梨子與奇異果有軟化肉質的效果，還能讓醬帶有淡淡的水果清香

4

再加入材料C混合均勻，即成為韓式燒肉醬

Note 喜歡辣味，可加入1～2大匙的韓國辣椒醬

5

製作完成的燒肉醬用乾淨的瓶子或保鮮盒盛裝密封好，冷藏約可保存3～4天

Note 除了用來烤肉，也可以當作調味醬料用來炒肉類料理

6

將牛小排用雪碧或七喜汽水浸泡約20分鐘後，撈起洗淨

汽水具有軟化肉質的效果

7

再將牛小排的水份擦乾，加入燒肉醬拌勻，醃約1天

8

熱油鍋，放入醃入味的牛小排煎熟，即可

Note 鍋要燒夠熱，才下牛肉，等一面煎上色後，再翻面續煎，這樣才能鎖住肉汁，保持嫩度

牛腱怎麼滷才入味好吃？

美味醬牛肉

滷牛腱除了可以切片當涼菜，或與麵搭配食用，
也可以做成牛肉捲餅，或是再與配料快炒成熱菜。
而好吃的牛腱要怎麼滷呢？首先建議選用牛腱心，
肉中帶筋口感佳，切片後的紋路也漂亮。
牛腱要先以冷水下鍋焯去血水，才加入滷汁，
等滷至熟軟後，則再浸泡在滷汁裡一段時間持續入味，
這樣就能做出好吃的滷牛腱囉！

材料　4個牛腱

牛腱心 ……4個，
　　　約1000公克
薑片 ……5片
蒜頭 ……5瓣
蔥 ……3枝
紅辣椒 ……1根
熱水 …… 適量

調味料

甜麵醬 ……1大匙
辣豆瓣醬 ……1大匙
醬油 ……100毫升
紹興酒 ……2大匙
冰糖 ……1大匙
肉桂(或桂皮)
　　 ……1～2小枝
花椒 ……1大匙

1

將牛腱的筋膜去除乾淨，
以棉繩綑綁緊定型(也可
不綁)，再用竹籤或鐵籤
刺幾下
去除筋膜以及用竹籤或鐵籤
刺牛肉，可以幫助調味料進
入肉裡，更加入味

2

牛腱放入冷水鍋中邊煮邊
撇掉浮沫，約15分鐘左
右，再撈起洗淨，備用
冷水入鍋煮才能將肉中的血
水逼出，若是滾水下鍋，肉
遇熱緊縮，血水污物就被封
在肉裡了

3

熱油鍋，先爆香薑片、蒜
頭、蔥、紅辣椒，再放入
甜麵醬、辣豆瓣醬，炒出
香味
Note 放入甜麵醬、辣豆瓣
醬時，爐火要轉小，以避
免炒焦

4

放入牛腱、其餘的調味料，
以及熱水，大火煮滾，轉
小火燉煮約1～1.5小時
燉肉要用熱水，這樣肉才容
易燉的軟爛

5

熄爐火後，並繼續浸泡在
滷汁裡約1～2小時
Note 滷好後繼續泡在滷汁
中，可讓牛腱持續入味

6

再將牛腱取出，待涼後再
切成薄片，擺盤並淋上少
許滷汁，即完成
牛腱要完全冷卻後才切得漂
亮。吃不完的牛腱可以個別
用保鮮袋包好，冷藏或冷凍
保存

烤手扒雞
☞ P.36

紹興醉雞
☞ P.37

小米桶的貼心建議
紹興酒可以替換成梅
酒，並增加紫蘇梅，即
成為梅酒醉雞。

為什麼烤雞烤好後不要急著分切成塊？

烤手扒雞

雞烤好後不要急著切開，先耐住美味的誘惑，
讓雞（雞胸朝下）蓋上錫箔紙保溫，再靜置休息個
10~15分鐘，等滾燙的肉汁重新回到肉的組織裡，
就可以磨刀霍霍準備開動啦！若是剛烤好
馬上急著切開，肉汁就會邊切邊大量的流失，
那麼就吃不到美味多汁的烤雞囉。

材料 2人份

雞 ……1隻，去除頭與腳，
　　約900~1000公克
檸檬 ……1個，
　　塞入雞腔用

蠔油（或醬油膏）
　　……2大匙
米酒 ……2大匙
蒜 ……3瓣，拍扁
薑末 ……3片
蔥 ……1~2枝，拍扁
五香粉 ……1/6小匙
白胡椒粉 …… 適量

調味料
醬油 ……2大匙

1

將雞內外抹上鹽，並用手
輕搓揉，再沖洗乾淨，用
廚房紙巾將雞腔內外的水
份完全擦乾，再用手輕壓
雞胸骨頭，替雞全身按摩
水份擦乾才能充份吸收調味
料；替雞按摩，可讓雞肉鬆
弛，肉質軟嫩

2

將調味料混合拌勻
Note 可稍微抓擠蔥薑蒜
，使其流出汁液

3

將雞腔內外充份抹上調味
料後，裝入保鮮袋密封
好，放入冰箱冷藏約1天，
且中途稍微搓揉翻動，幫
助入味

可將調味料塞入雞胸與雞皮
之間抹勻，會更加入味

4

醃入味後，把洗淨切半的
檸檬塞入雞腔內，用牙籤
封住，並用棉繩將腿交叉
綁緊，再把雞放在烤架上
Note 雞腔內塞入檸檬可以
去腥，增加檸檬清香

可在烤盤裡放水，烘烤時可
產生水汽，讓烤雞表面烤
酥，但不乾柴

5

放入已經先預熱的烤箱，
以攝氏180度烤約20分
鐘，取出刷上調味料，並
翻面續烤15分鐘
Note 烤盤裡的水若已烤
乾，可再加熱水進去

6

再取出刷上調味料，並再
次翻面，續烤15分鐘，
從烤箱取出，雞胸朝下，
讓烤雞休息15分鐘後，
即可開動
雞胸朝下，可讓雞背的肉汁
回流到雞胸

小米桶的貼心建議

◎ 家中烤箱若有烤雞專用的轉動功能，可將
　雞串在烤架上，以轉動烘烤方式烤熟，則
　受熱較平均，表皮也更酥脆。

◎ 烤雞的時間：1200g~1500g/85分鐘、
　1500g~2000g/105分鐘、2000g~
　2500g/125分鐘、2500g~3000g/
　145分鐘、3000g~3500g/165分鐘。

如何做出酒香濃郁又入味的醉雞？

紹興醉雞

醉雞好吃的重點在於雞的嫩度與浸泡的醬汁。
醬汁裡可加入雞高湯增加鮮味，而使用的酒
可用紹興酒或是花雕，米酒則過於嗆辣不適合。
雞煮熟後泡入醬汁時先不要急著放入冰箱冷藏，
這樣才能讓肉多吸收醬汁的味道；喜歡酒味濃的
則可以擺盤食用時，再淋點紹興酒增加酒香。

材料 4～6人份

去骨雞腿(含腿排)
……2大隻，約600
公克

雞肉醃料

蔥 ……1枝，用刀拍扁
薑 ……2片
米酒(或紹興酒)
……1大匙
鹽 ……1/4小匙

調味料 A

當歸 ……2片，可省略
紅棗 ……5個
枸杞 ……1大匙
清水 ……300毫升
雞高湯 ……300毫升

調味料 B

紹興酒 ……300毫升
鹽 ……2小匙
糖 ……1/2小匙

1

預先將調味料A煮約15
分鐘，放涼後，再加入調
味料B，放入冰箱中冷藏
至冰涼，備用
調味料預先冰涼，雞肉蒸熟
直接放入，可以緊縮肉質，
增加Q彈口感

2

雞腿肉洗淨後用廚房紙巾
擦乾水份，加入醃料並替
雞肉抓碼按摩，再醃約30
分鐘，備用
抓碼按摩可讓雞肉柔軟，且
較易入味

3

雞腿醃好後，將較厚的
肉，用刀片薄，並補在肉
薄處，再攤平在錫箔紙上
將較厚的肉片薄，補在肉薄
處，可讓雞肉的熟度均勻，
蒸熟的雞肉捲也較好看

4

先把雞肉稍微捲起來

5

再用錫箔紙包捲起來，並
且每捲半圈，就要把已捲
的部份稍稍用力往回收緊
Note 注意！一定要往回收
緊喔，這樣蒸好的雞肉捲
才不會散開

6

再將錫箔紙兩端扭緊，成
為一個糖果狀
Note 這樣蒸好的雞肉自然
會成為圓筒形

7

放入水滾的蒸鍋，以中大
火蒸約20分鐘至熟

8

拆開錫箔紙取出雞肉，連
同汁液放入冰涼的調味料
中，泡約2～3小時後，再
放入冰箱冷藏1天入味，
即可切片食用
泡入醬汁時先不要急著放入
冰箱冷藏，這樣才能讓肉多
吸收醬汁的味道

怎樣煮出鮮嫩又好吃的白斬雞？

廣式白切雞

鮮嫩又好吃的白斬雞，除了可用一鍋熱水，
以熱泡法將雞泡熟之外，也可以用蒸的方式，
尤其是體型較小的雞，或是買不到土雞、仿土雞，
只能使用肉質鬆軟的肉雞時，蒸的方法最適合了。
先將洗淨的雞擦乾水份，抹上薑汁、紹興酒、鹽，
於室溫下醃約1小時，再放入水滾的蒸鍋中，
依重量蒸約20~25分鐘，熄火續燜5分鐘，即可取出，
待涼斬件食用。

材料　4~5人份

雞 ……1隻，不含內臟，
　　　約1.2~1.5公斤
紹興酒 ……1大匙
蔥 ……3枝
鹽 ……1小匙
清水 …… 可淹蓋過雞
　　　2公分的量

蔥 ……3枝
薑 ……5片
鹽 ……2大匙

薑蔥油

薑 ……1小塊，
　　　約50公克
蔥 ……3枝，切蔥花
紅蔥頭末 ……1小匙
鹽 ……1小匙
花生油 ……2又1/2大
　　　匙，或用炒菜油 ＋
　　　香油替代

浸雞水

雞高湯 ……500毫升，
　　　可用清水替代
清水 ……800毫升

1
煮雞的前一天，先將浸雞
水煮滾放涼，一半冷藏，
一半凍成冰塊，備用

2
把薑磨成茸，或是用料理
機打碎，再擠出薑汁備用
把薑汁擠出，做好的薑蔥油
才香、才不會辛辣，剩下的
薑汁則留至煮雞用

3

將薑茸、蔥花、紅蔥頭末、鹽拌勻，淋入燒熱的花生油，攪拌均勻後，即成為白切雞的蘸醬「薑蔥油」

油不需燒至滾燙冒煙，油溫太高反而會讓薑蔥香味跑掉

4

雞洗淨，再放入鍋內加入可以淹蓋過雞2公分的冷水，以正確的測量出煮雞所需的水量

煮雞的鍋子大小要適中，鍋大使用的水量就多，則雞的鮮甜味都流失在水裡了

5

再將雞取出，將腔內外的水份擦乾，抹上份量外的鹽、②的薑汁與材料中的紹興酒，靜置約30分鐘，備用

Note 雞腔內外都要塗抹，可去除腥味，增加香氣

6

將鍋裡的水煮滾後，放入蔥、1小匙鹽，續煮約1~2分鐘

水滾約1~2分鐘，可去除水中雜質；加鹽則可以減少雞的鮮甜味流失在水中

7

抓住雞脖子，把雞放入鍋內，停留約5秒，讓雞腔內灌滿滾水

8

再將雞提起，讓雞腔內的水流掉，待水又煮滾後，再放入雞，重複泡入提起的動作3次

雞腔內的血水會讓灌入的滾水降溫，重複泡入提起的動作，可逼出腔內血水，讓雞均勻熟成

9

將雞胸朝下，續煮至水滾後轉小火，蓋上鍋蓋，再煮約5分鐘

轉小火後，鍋裡的水要似滾非滾的狀態，水若大滾則會讓雞的甜度流失

10

即可熄火，讓雞浸泡約20分鐘

以浸泡的方式將雞泡熟，雞的肉質才鮮嫩；1.2公斤的雞約泡20分鐘，1.5公斤的雞則約泡25分鐘

11

再觀查雞腿部位的腳筋是否斷裂，或雞皮往上縮，若是則代表雞已熟，並可以將雞從鍋裡取出

若未熟，則可以把雞取出，開火讓鍋裡的水煮滾後熄火，再泡入雞至熟

12

再將雞泡入冰涼的浸雞水與冰塊中，泡至變涼，再撈起瀝乾水份，抹上香油防止乾燥

泡入冰浸雞水可以使雞皮爽脆，雞肉緊實有彈性

13

最後再將冷卻的雞斬件排盤，食用時蘸薑蔥油即可

Note 圖中紅色的辣椒蘸醬做法可參考第115頁海南雞飯

小米桶的貼心建議

◎ 建議使用母雞，因為母雞的肉質較細緻，做白斬較不會澀。

◎ 若是用蒸的方式，醃雞時不可放入冰箱冷藏，以避免影響蒸的時間，造成熟度不均。2台斤(1200公克)重的雞約蒸20分鐘，每增加100公克就多蒸1~2分鐘。

如何煎出皮酥肉嫩的雞腿排？

香煎芥末雞腿排

雞腿有較多的白筋，最好用刀切斷，並再肉厚處割劃
幾刀，一方面可舒展鬆弛肉質，也能避免煎好的雞腿
緊縮變型。雞皮的油脂非常多，所以只要將水份擦乾，
以不加油的方式，將雞皮朝下放入鍋中，
就可以把雞皮的油脂逼出。煎的時候也要注意，
不要反覆的翻面煎，這樣會讓肉汁跑光光，
先將雞皮煎至金黃上色，再翻面並蓋上鍋蓋續煎，
這樣就能煎出外酥裡嫩又多汁的雞腿排。

材料　2人份

去骨雞腿（含腿排）
　　……2隻，約400公克
蒜頭 ……1瓣，切片
薑 ……2片

雞肉醃料

米酒 ……2小匙
鹽 …… 少許
山葵醬（wasabi）
　　……2小匙

調味料

醬油 ……1又1/2大匙
米酒 ……1又1/2大匙
糖 ……1大匙
清水 ……3大匙
山葵醬（wasabi）
　　……1大匙

1

雞腿肉洗淨後用廚房紙巾
擦乾水份，在肉厚處及筋
部用刀劃幾下，備用

筋切斷可舒展鬆弛肉質，也
能避免煎好的雞腿緊縮變
型，也較易煮熟與入味

2

在肉面撒上米酒、少許
鹽、山葵醬，並替雞肉抓
碼按摩，再醃約30分鐘，
備用

Note 抓碼按摩可讓雞肉柔
軟，且較易入味

3

取一鍋，不加油直接燒熱
後，雞肉以雞皮朝下的方
式，放入鍋中，以中大火
煎約1分鐘，再轉中小火
煎約3分鐘

只要將水份擦乾，將雞皮朝
下放入鍋中煎，就可以將雞
皮的油脂逼出

4

等雞皮金黃微焦後，翻面
大火煎約1分鐘，再轉小
火慢煎約2分鐘

不可將雞肉反覆翻面煎，以
免肉汁流失

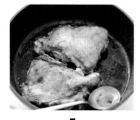

5

將鍋內多餘的油脂取出

Note 取出的油脂可以用來
炒青菜喔

6

放入蒜頭、薑片爆出香味

7

再倒入調味料

Note 山葵醬遇熱後就不會
有嗆辣味，只剩下特殊的
香氣

8

大火煮至收汁，即完成

Note 若是喜歡嗆辣口感，
可在盛起後於雞肉表面抹
上適量的山葵醬

小米桶的貼心建議

建議使用肉雞來製作，因為是快速完成
的料理，肉雞的油脂較多，且肉質較
軟，較快煮入味。仿土雞份量厚大，口
感較 Q，但若用來做此道料理，肉還
來不及煮至軟嫩，醬汁就收乾了。

讓雞胸肉軟嫩的秘訣？

韓式雞肉串燒

可以利用浸泡鮮奶的方式，讓雞肉像貴婦般的做牛奶 SPA，
除了能使肉質變得水嫩嫩、白拋拋、幼咪咪，
還能去除不好聞的冰箱(雪藏)味，增加淡淡的牛奶香氣喔！
相同的方式也能應用在去骨的魚柳。

材料　2人份

雞柳 ……300公克
牛奶 ……150毫升
青蔥 …… 適量
竹籤 ……9支

雞肉醃料

米酒 ……1大匙
白胡椒粉 …… 少許
鹽 …… 少許
太白粉 ……1小匙

串燒醬

醬油 ……1/2大匙
韓國辣椒醬 ……3大匙
番茄醬 ……3大匙
糖 ……2大匙
香油 ……1小匙
蒜末 ……1/2大匙
薑末 ……1/2小匙

頂面裝飾（可省略）

黃芥末醬 …… 適量
乾燥巴西利
（Parsley）…… 少許

1

將雞肉用鮮奶泡約20分鐘後，用清水洗淨，瀝乾水份

雞肉，尤其是冷凍的，用鮮奶浸泡，可以去除腥味，並且讓雞肉柔嫩

2

再去筋切成2公分塊狀，並加入雞肉醃料，醃約10分鐘，備用

Note 醃雞肉時，適當的抓一抓，使其充份吸收醃料，雞肉會更加入味與飽含汁液

3

將竹籤泡入水中約20分鐘，備用

竹籤泡水，可避免烤時變焦黑

4

串燒醬混合均勻；蔥只取用蔥白部份，並切2公分小段，備用

5

再將醃好的雞肉與蔥段，以竹籤串成肉串

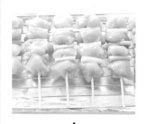

6

將雞肉串放入已經預好熱的烤箱，以攝氏200度烤約6分鐘

烤箱要預好熱才放入雞肉串，確保正確的烘烤時間與雞肉的熟成均勻

7

取出刷上串燒醬，並翻面，放回烤箱烤約6分鐘，再刷醬並翻回正面，續烤約3分鐘

8

將雞肉串取出，於表面擠上芥末醬，再撒上少許巴西利（Parsley），即完成

Note 也可以只撒上花生碎、核桃碎、或炒香的白芝麻

小米桶的貼心建議

◎ 也可改用雞腿肉。

◎ 希望更辣些，則串燒醬可增加1大匙韓國辣椒粉，或是辣椒油（紅油）。

◎ 使用無法調溫的小烤箱，先烤約5分鐘，刷醬翻面烤約5分鐘，再刷醬翻回正面，續烤約2分鐘。

如何去除雞肉的腥味？

起司玉米鑲雞翅

若是帶皮的雞肉，比如：雞腿、雞翅，除了可以比照雞胸肉做牛奶SPA之外，也可以泡入加有檸檬汁的淡鹽水裡約15分鐘，就會有去腥軟化肉質的效果喔！但是要注意浸泡的時間不可過長，以避免流失肉味。

材料　4人份

雞翅
　　……中大型的12隻
罐頭玉米粒
　　……100公克
Pizza 用起司絲
　　……40公克，切碎
牙籤……12支，封口用

醃料

醬油……1大匙
米酒……1大匙
鹽……1/8小匙
糖……1/4小匙
白胡椒粉……少許
蒜末……1/2小匙

外層沾裹用炸粉

低筋麵粉……3大匙
太白粉，或玉米粉
　　……1又1/2大匙
※ 預先混合均勻成炸粉

1

將雞翅泡入加有檸檬汁的淡鹽水裡約15分鐘，再洗淨擦乾水份，再將雞翅腿剪去，只使用另外二截部份

中翅與翅腿之間有個白色軟骨關節可以輕鬆切開。雞翅腿可以留做酥炸棒棒腿用

2

用剪刀將黏在雞中翅骨頭部位的筋與肉剪開

廚房可準備一把食材專用的剪刀，處理蝦或雞去骨時輕鬆又方便

3

再沿著骨頭慢慢的將肉脫骨，若有沾黏的部份，可用小刀協助將肉刮下

Note 要小心，不要刮破雞翅外皮，否則鑲入的餡就會掉漏出來

4

脫骨至一半時，左手抓住雞翅，右手抓住細骨，將細骨做扭折的動作，細骨就會與關節分離

Note 也就是扭折中翅與翅尖之間的關節，將細骨拆除

5

再將另一根細骨扭折拆除，雞中翅去骨動作，即完成

Note 去骨的雞中翅像口袋一樣，可以填入喜愛的內餡

6

將去骨的雞翅加入醃料拌勻，醃約30分鐘，備用

7

將玉米粒的汁液充份瀝乾後，拌入起司絲，成為內餡備用

Note 起司玉米內餡可以自由變化，比如：改鑲入肉餡，或是熟糯米飯

8

將玉米內餡填入雞翅裡，約八分滿，再用牙籤串起封口

雞翅炸熟後會緊縮，若餡填過滿，會爆瀉出來，影響美觀與口感

9

均勻沾裹上薄薄一層的炸粉

10

放入熱油鍋中炸熟，即完成

Note 也可刷上烤肉醬用烤箱烤熟

如何讓雞肉更加入味？

西檸煎軟雞

雞肉的料理方法多樣化，但要怎麼讓肉更加入味呢？
可以先將雞肉用刀輕劃出格子紋路的花刀，再分切小塊，
拌入醃料進行烹煮，這樣不止幫助入味，也因為切了花刀，
讓雞肉表面變得不平整，就可以更多面接觸到醬汁，
讓醬汁緊緊的裹在肉上喔。

材料 4人份

雞胸肉 ……400公克
太白粉 …… 適量
蒜頭 ……1瓣，切片

雞肉醃料

醬油 ……1小匙
米酒 ……1小匙
鹽 ……1/8小匙
胡椒粉 …… 少許
蒜末 ……1/2小匙
雞蛋 ……1個，
　　只取蛋黃部份

檸檬醬汁

檸檬 ……2個，
　　擠成汁約5大匙
香橙 ……1個，
　　擠成汁約5大匙
糖 ……4大匙
雞高湯 ……80毫升
太白粉 ……2小匙

◯◯◯ 小米桶的貼心建議

這道料理一般會加入吉士粉增加鮮黃色澤，自己在家做可以用適量的柳橙汁來替代，除了增加天然的鮮黃色澤，也能增添檸檬醬汁的風味。

※ 吉士粉（custard powder）也可稱為卡士達粉，是一種添加劑，自然呈白色粉末，遇水變黃，可增添蛋奶香味與鮮黃色澤。

1

將檸檬皮磨出1小匙的碎屑，再將檸檬擠出汁液，加入所有的檸檬醬汁用料拌勻，備用
Note 料理完成，於頂面撒上檸檬皮屑，可增加清新香氣

2

將每塊雞胸肉平片成兩片

3

再用刀輕劃出格子紋路
劃劃出紋路可以斷筋讓肉軟嫩，還能幫助入味且易熟

4

再斜刀切成5公分片狀

5

加入雞肉醃料拌勻後醃約15分鐘，備用

6

均勻裹上太白粉，再抖掉多餘的粉，靜置3～5分鐘，使粉反潮濕潤，備用
Note 等粉反潮濕潤後才下鍋油炸，就不會邊炸邊掉粉

7

熱油鍋，將雞肉放入鍋中以半煎半炸的方式煎至呈現淺金黃色時，撈起瀝乾油份，備用
以半煎半炸的方式料理雞肉，就不用擔心剩下過多的炸油該怎麼辦

8

另取一鍋，先爆香蒜頭，再加入檸檬醬汁煮至滾，再做最後甜酸鹹的調整

9

將雞肉排盤，淋上檸檬醬汁，再撒上檸檬皮屑，即完成

炒肉絲的製作程序是將醃入味的肉絲，
以大量的溫油滑炒至變色，
但對於一般的家庭與廚房新手來說有點難度，
且又擔心油脂過多，
那麼該怎麼辦呢？方法很簡單，
只要在醃肉時加入太白粉，
再放入似滾非滾的熱水裡，
燙至肉絲變色，
即可撈起再與炒至快熟的配料
與醬汁快速拌炒均勻，
即完成低脂又鮮嫩的肉絲料理囉。

不必過油如何炒出嫩嫩的肉絲？

京醬雞肉絲

材料　4人份

雞胸肉 …… 200公克
京蔥(東北大蔥)
　　　…… 2枝

醃料

米酒 …… 1小匙
清水 …… 1大匙
鹽 …… 1/8小匙
白胡椒粉 …… 適量
蛋白 …… 1大匙
太白粉 …… 1大匙

調味料

甜麵醬 …… 2又1/2大匙
番茄醬 …… 1大匙
醬油 …… 1小匙
香油 …… 1/2小匙
糖 …… 1大匙
清水 …… 2大匙

1

將雞胸肉順紋切成肉絲

雞肉軟嫩無筋絡，所以要順著肉紋切絲，炒熟後才不會變成肉碎

2

加入米酒、清水、鹽、白胡椒粉、蛋白、拌勻醃約10分鐘，等下鍋燙煮前再拌入太白粉，備用

3

調味料預先混合均勻；京蔥洗淨，切成蔥絲，泡入冰開水中約1～2分鐘後，撈起瀝乾水份，再排於盤中，備用

Note 蔥為生吃，切勿與生肉共用同一砧板，廚房需準備熟食專用的砧板

4

取一鍋，加入適量的水煮至快要沸騰，熄火，將雞肉絲倒入鍋中，並用筷子將雞肉絲拌開

熄火再放入肉絲泡至肉變色，可鎖住肉的甜度，吃起來才會鮮嫩

5

等雞肉絲變白後，迅速撈起瀝乾水份，備用

Note 肉色變白即可撈起，勿泡過久，以避免肉質過熟變老

6

熱鍋，倒入適量的油，再放入先前調好的調味料，以中小火炒至油亮

Note 爐火勿過大，以避免燒焦，產生苦味

7

放入做法⑤的雞肉絲

8

以大火快炒至雞肉絲均勻沾裹住調味料

Note 快速拌炒即可，以避免雞肉變老囉

9

再盛入排有蔥絲的盤中，即完成。食用時再將雞肉絲與蔥絲拌均勻

小米桶的貼心建議

◎ 雞胸肉可替換成豬里肌肉。

◎ 建議使用東北的大蔥，或是日韓的大蔥，味甜、較不辛辣，而且粗粗的一大根，較容易切成絲狀喔。

如何做出外皮酥脆的炸雞？

酥炸棒棒雞

想要做出外皮酥脆、肉質鮮嫩的炸雞，
就要掌握外層裹粉以及油炸的重點。
若是整隻雞腿或是雞翅，可先割劃幾刀，
除了幫助入味，也較容易炸熟。外層裹料則可使用
脆漿粉，讓炸雞外皮酥脆。油炸時的油溫
也要特別注意，油溫過高則會讓炸雞表皮已金黃，
而內部還是生的狀態，所以應該要先以中油溫，
讓肉炸熟後，再拉高油溫，逼出油脂，
以達到酥脆不油膩的效果。

材料　4人份

雞翅腿 ……12隻

醃料

醬油 ……1大匙
米酒 ……1大匙
鹽 ……1/8小匙
糖 ……1/4小匙
白胡椒粉 …… 少許
蒜末 ……1/2小匙

脆漿粉

低筋麵粉 ……5大匙
太白粉（馬鈴薯粉）
　……2又1/2大匙，
　或用玉米粉
泡打粉 ……1/2小匙
清水 ……6大匙
炒菜油 ……1大匙

※ 也可以使用市售現成的
脆漿粉

1

將雞翅腿洗淨擦乾水份
後，用小刀沿著骨頭劃開
雞肉，讓骨肉分離
Note 可將關節邊緣多餘的
碎筋肉去除，會較美觀

2

順著骨頭往下把肉脫退至
底部
Note 若有沾黏的部份，可
用小刀協助將肉刮下

3

再將肉翻開，讓雞皮在
內，即成為棒棒腿
整成像槌子般的棒棒腿，除
了美觀，食用時也可享受到
大口肉的滿足感

4

將棒棒腿加入醃料拌勻，
醃約30分鐘，備用

5

將脆漿粉中的麵粉、太白
粉、泡打粉，過篩混勻後，
將水慢慢的邊加邊攪拌成
粉漿
水慢慢的邊加邊攪拌，粉則
較易拌勻，不結顆粒

6

再放入冰箱冷藏約30分
鐘，等要炸時，再加入炒
菜油拌勻
靜置冷藏可讓脆漿粉炸的更
酥脆

7

將醃好的雞肉沾裹上脆
漿粉
雞肉若太濕潤，可先撒上
薄薄的太白粉，幫助沾裹
上脆漿

8

取一油鍋，燒至中高溫，
將雞肉放入鍋中，先以中
小火炸熟，撈起，續將油
溫升高，再放入雞肉二次
油炸至酥，即完成
拉高油溫放入雞肉二次油
炸，可以逼出肉裡多餘的
油脂，以達到酥脆不油膩
的效果

魚片要如何切，熟後才不易碎散？

五味醬魚片

魚肉含有豐富的水份，肉質鬆軟，肌肉纖維短，
所以可以選擇肉質較緊密的魚類，
比如：草魚，或是已去骨去皮的鯛魚片。
魚切片時則要順著肉紋切，且不可切太薄，
約0.5公分的厚度，這樣魚片煮熟後就不易碎散。

材料 4人份

鯛魚片 ⋯⋯2片，
　　　約250公克
豆芽 ⋯⋯100公克
薑 ⋯⋯3片
蔥 ⋯⋯1枝

醃料

米酒 ⋯⋯1大匙
蛋白 ⋯⋯1大匙
太白粉 ⋯⋯1/2大匙

五味醬

醬油膏 ⋯⋯1大匙
蕃茄醬 ⋯⋯1又1/2大匙
細砂糖 ⋯⋯1/2大匙
烏醋 ⋯⋯1大匙
香油 ⋯⋯1/2小匙
蔥末 ⋯⋯1大匙
薑末 ⋯⋯1小匙
蒜末 ⋯⋯1大匙
香菜末 ⋯⋯1大匙
辣椒末 ⋯⋯1/2大匙

小米桶的貼心建議

五味醬也可以替換成蒜味醬。

1

將五味醬的所有材料混合
均勻，備用

Note 先將醬料拌勻後，才
加入蔥、薑、蒜、香菜、
辣椒

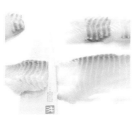

2

鯛魚片洗淨用廚房紙巾擦
乾水份後，順紋切成0.5
公分的片狀

順著肉紋切片，煮熟的魚肉
才不會碎散

3

加入米酒、蛋白稍微抓拌
後，再加入太白粉拌勻，
備用

蛋白與太白粉可以封住肉
汁，讓魚肉滑嫩可口

4

取一鍋，加入適量的清水
煮滾，放入洗淨的豆芽，
燙軟後撈起瀝乾水份，排
於盤中，備用

5

續以原鍋，放入薑片、蔥
段，煮滾，再放入做法③
的鯛魚片，汆燙至熟

魚片要一片片的下鍋，並且
不要一直攪動魚片，以避免
魚肉碎散

6

將魚片撈起，放在做法④
的豆芽上頭，再淋入五味
醬，即完成

黃魚燒豆腐

材料　4人份

黃魚……1條，
　　約400公克
豆腐……1塊
蔥……3～4枝
薑……3片
蒜頭……3瓣
辣椒……1根

調味料

米酒……1大匙
醬油……2大匙
糖……1/2大匙
清水……200毫升
香醋……1/2小匙
香油……1/2小匙

1

撒適量的鹽在魚身與魚肚
內，輕搓後，沖洗乾淨

在魚肚裡緊黏著脊骨處，有
一道暗紅色的血溝，這是腥
味的主要來源，務必用刀
尖，以邊沖水的方式，刮除
乾淨

2

用廚房紙巾擦乾水份後，
在魚身兩側各劃2～3刀，
深至骨頭處但不切斷，
備用

魚身兩側劃刀，可以幫助入
味，也較易熟

3

蔥切段，並將蔥白、蔥綠
分開；薑切絲；蒜頭對半
切開成蒜粒；紅辣椒去籽
切片，備用

4

豆腐切塊，放入加了鹽的
滾水中燙約1～2分鐘去
豆腥味，再撈起瀝乾水
份，備用

Note 豆腐也可先煎至微焦
上色

5

熱鍋，倒入適量的油，燒
熱後，放入黃魚，煎至底
部微焦上色

魚下鍋後不要急著翻動，以
避免魚皮破裂

6

再將魚翻面，續煎至微上
色後，放入薑絲、蒜粒、
蔥白、辣椒炒香

魚煎至6分熟即可，之後還
要用醬燒煮，以保持肉質
鮮嫩

7

嗆入米酒、醬油，再加入
糖、清水煮至滾

8

放入豆腐燒煮至湯汁微收

Note 邊煮邊用湯匙舀起湯
汁淋在魚肉上，讓表面的
魚肉也能均勻入味

8

再加入香醋、香油，並撒
上蔥綠，即完成

香醋、香油最後放可以提
味，香氣也不會被煮掉

小米桶的貼心建議

黃魚可以替換成其
他的魚種，比如：
吳郭魚。

黃魚燒豆腐
☞ P.54

清蒸鱈魚
☞ P.56

如何煎出金黃酥香，魚皮又不黏鍋底的魚？

1. 下鍋前，可用廚房紙巾將水份擦乾，或是拍上薄薄的太白粉或麵粉作爲保護層

2. 新手建議使用不沾鍋較好操作，或是以熱鍋溫油的方式中小火慢煎

3. 魚下鍋後會開始產生水份，若鍋的熱度不夠，魚皮就會沾黏，所以不要心急的想翻動，耐心的等待一小段時間，再晃動下鍋子。若魚會晃動，則表示已煎至脆硬不黏鍋，可以翻面囉。

如何蒸出鮮美滑嫩的魚？

清蒸鱈魚

先將魚肚裡的血膜與脊骨處的暗紅色血溝刮除乾淨，
因為這是腥味的主要來源。
可在魚肉厚處割劃2~3刀，幫助受熱均勻，
再抹上蔥薑酒去腥，使肉質更鮮美。
蒸時可在魚底下墊竹筷或是蔥段，增加熱空氣的對流，
加快熟成，且要以大火蒸約8~10分鐘，
蒸的過程不可掀開鍋蓋，否則蒸氣外散，
鍋內熱度不夠，魚就會不容易蒸熟。

材料　4人份

鱈魚……1~2片，
　　　約300公克
蔥……4枝
薑……2片
辣椒……1根

醃料

米酒……1大匙
蔥……1枝
薑……2片
鹽……少許

調味料

炒菜油……1大匙
高湯或清水……50毫升
醬油……1小匙
鹽……少許
糖……1/4小匙
白胡椒粉……少許
香油……1/2小匙

1

醃料放入碗中，擠抓出蔥
薑汁液，備用；將2枝蔥
與薑、辣椒切成細絲後，
泡入冷開水裡約10分鐘，
再撈起瀝乾水份，備用

泡水可讓蔥、薑、辣椒不
過於腥辣，且外型也會捲
曲好看

2

鱈魚洗淨，用廚房紙巾吸
乾水份後，抹上醃料備用

抹上蔥薑酒水，可以去腥，
也讓肉質更鮮美

3

再將剩下的2枝蔥切成長
段，鋪墊在盤底

蔥段墊底，可讓底部的魚肉
接觸到蒸氣，加快熟成，也
具有僻腥的效果

4

再將鱈魚放在蔥段上

5

放入水滾的鍋中，大火蒸
約7分鐘，熄火，續燜1
分鐘後，將蒸魚汁倒掉，
並夾掉蔥段，備用

沒加配料清蒸出的魚汁腥味
較重，所以一般都是倒掉，
再另加入調味醬汁

6

取一鍋，燒熱1大匙的炒
菜油，再加入其餘調味
料，煮至滾，即熄火

Note 將調味料替換成檸檬
汁、魚露、糖，則變化成
泰式風味的蒸魚

7

將蔥絲、薑絲、辣椒絲撒
在魚上，並淋入做法⑥的
調味料，即完成

Note 趁熱淋入調味料，才
能帶出蔥絲、薑絲、辣椒
絲的香氣

小米桶的貼心建議

◎ 鱈魚可替換成其他的魚。

◎ 蒸魚的時間，以魚的大小
　 而定，一般300~500
　 公克，約8~10分鐘，
　 500~750公克，約10~
　 12分鐘。判斷魚肉是否
　 已熟，可用筷子插入最厚
　 處，魚肉柔軟而筷子沒沾
　 黏在魚身，則魚已熟。

炸土魠魚酥
☞ P.58

土魠魚羹
☞ P.59

如何炸魚塊香酥又不油膩？

炸土魠魚酥

1. 醃魚塊時加入蒜末、薑汁、胡椒粉、香油，可進一步的去腥味，還能增加香氣。

2. 魚塊要炸的金黃酥鬆，可將醃好的魚拌入雞蛋黃後，再沾粉入鍋炸。

3. 炸魚需要較多的油，且油溫要高，讓表層的裹粉或粉漿快速炸熟定型，這樣魚的肉汁就不會流失。若是油溫不夠，外層的裹粉會脫落，導致油份進入魚塊裡，食用時就會十分油膩。

材料　6人份

土魠魚 ……600公克	調味料
雞蛋 ……1顆，或是2顆雞蛋黃	蒜末 ……1大匙
地瓜粉 …… 適量	醬油 ……1大匙
九層塔 ……1小把	米酒 ……1大匙
	糖 ……1大匙
	鹽 ……1/4小匙
	五香粉 …… 少許
	胡椒粉 …… 少許
	香油 ……1小匙

1

將土魠魚去骨，切成姆指大小的粗條狀，加入調味料拌勻後，醃約30分鐘入味

Note 切魚時要順紋切，魚肉較不易散，也比較有口感

2

將醃入味的土魠魚加入雞蛋拌勻

雞蛋除了幫助沾裹上粉，還可以增加土魠魚酥的金黃色澤與酥鬆口感

3

再均勻沾裹上地瓜粉

將粉放入保鮮袋裡，分次放進幾塊魚肉，再把袋子抓起搖一搖，輕鬆簡單的就完成裹粉啦

4

將裹好粉的土魠魚靜置3～5分鐘，使粉反潮濕潤，備用

Note 等粉反潮濕潤後才下鍋油炸，就會緊緊包裹住魚肉

5

取一鍋，倒入適量的油，燒至中高溫，將土魠魚放入鍋中以中火炸至淺金黃色時撈起

魚肉很容易熟，以中高油溫來炸，可快速將表面炸定型，鎖住魚的肉汁

6

開大火，繼續讓鍋裡的油加熱，使溫度升高後，再把土魠魚放回油鍋中炸約30秒

第二次高溫油炸，可以逼出魚塊裡的油脂，使口感酥脆不油膩

7

再放入九層塔迅速炸2～3秒，即可將土魠魚與九層塔撈起，並瀝乾油份，即完成

Note 九層塔一下鍋即可馬上撈起，以避免香氣跑掉

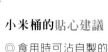

小米桶的貼心建議

◎ 食用時可沾自製的胡椒鹽(胡椒粉 + 鹽 + 少許糖，拌勻即可)。

◎ 吃不完的土魠魚酥，可以用來做成第59頁的土魠魚羹。

在家如何做出好吃的羹湯底？

土魠魚羹

可將柴魚片放入高湯裡，快速的煮成湯底後，
加入喜愛的蔬菜配料，最後再勾芡即可簡單的
完成羹湯底，不管是肉羹湯、魷魚羹湯，
甚至是蚵仔麵線都適用。
若是口味較重者，可以試試將扁魚煎酥碾碎，
放入高湯裡替取代柴魚片，
即成為濃濃海味的羹湯底囉。

材料　4人份

炸熟的土魠魚
　　……300公克，做法可
　　參考第58頁的炸土魠
　　魚酥
扁魚乾……3片
大白菜……4葉
紅蘿蔔……1/4根
香菇……3朵
高湯(或清水)
　　……800毫升

太白粉水……適量，
　　勾芡用
香菜末……適量
蒜泥……適量
烏醋……適量

調味料

醬油……1大匙
糖……1小匙
白胡椒粉……1/4小匙
鹽……適量

1

大白菜、紅蘿蔔、香菇切
絲，太白粉加水調勻成太
白粉水，備用

2

將扁魚剪小塊後，用適量
的油煎至金黃卷曲，盛起
放涼後壓碎，備用

扁魚要油煎過才會散發出
香氣

3

熱油鍋，放入大白菜、紅
蘿蔔、香菇翻炒至軟，再
加入高湯煮滾

4

加入壓碎的扁魚酥、調味
料，調整味道

5

再加入太白粉水勾芡
Note 太白粉水要邊加邊攪
拌才不會結塊

6

將炸酥的土魠魚擺入碗
中，淋上羹湯，再撒上香
菜末，食用時，加入蒜泥、
烏醋增加香氣，即完成

食用前才將羹湯淋入，並且
趁熱吃，才能保持炸土魠魚
的酥脆

小米桶的貼心建議

◎ 扁魚可以在南北貨店購買，且價
格不貴。

◎ 可以在羹湯裡加入柴魚片與柴魚
粉來替代扁魚，可參考第124頁
蚵仔麵線的湯底做法。

◎ 加入飯、麵，即成為土魠魚羹飯
或麵。

如何讓帶殼的蝦入味好吃？

豉油皇煎蝦

烹煮帶殼的蝦，常常調味料只附著在蝦殼表面，無法進入到蝦肉裡。

其實只要將蝦背剪開，蝦肉就能接觸到調味料，而且開背的蝦更容易煮熟，

外觀也會變大些，感覺份量增加了，食用時也好剝去蝦殼喔。

材料 4人份

草蝦 ……8~10隻，
　約500公克
蔥 ……2枝，切段長，
　分蔥白、蔥綠
蒜末 ……1小匙
薑末 ……1/4小匙
紅蔥頭末 ……1大匙

調味料

米酒 ……1大匙
醬油 ……2大匙
老抽 ……1/2小匙，
　可省略
糖 ……2小匙
清水 ……1大匙
太白粉 ……1/2小匙，
　加1小匙水調勻成
　太白粉水
香油 ……1/2小匙

1

蝦剪去嘴尖、腳、觸鬚

2

再從背上剪開

Note 用剪刀開背較好操作，且安全。蝦背剪開，方便去掉腸泥

3

去掉腸泥，洗淨後，用廚房紙巾將水份完全擦乾

一定要將髒髒的腸泥清除，吃起來才不會沙沙的，也較衛生

4

再用刀把蝦背開深點，深約蝦身厚度的1/2

蝦背開深，能讓蝦更容易入味，吃的時候也好剝殼

5

熱油鍋，放入蝦煎至底部變紅，微焦上色，再翻面續煎至6分熟

6

撒入蔥白、蒜末、薑末、紅蔥頭末，翻炒出香味

7

嗆入米酒，再加入醬油、老抽、糖、清水、太白粉水，快速拌炒

醬油、老抽、糖、清水、太白粉水預先混合均勻，再一次入鍋，可縮短蝦在鍋裡的時間，以保持嫩度

8

起鍋前，撒入蔥綠與香油，即完成

小米桶的貼心建議

「豉油」是廣東話的醬油，「豉油皇」則是上等的好醬油，所以這道蝦料理最重要的是選用品質優、味道好的醬油，如果醬油偏鹹，則可多加些糖中和即可。

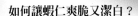

如何讓蝦仁爽脆又潔白？

綠咖哩蝦

市售剝去殼的蝦仁雖然吃起來脆脆的，但卻少了蝦的鮮味，
而自己買帶殼的新鮮蝦子剝成蝦仁，卻又少了爽口彈牙的口感，
為什麼呢？那是因為蝦肉處理的方法不正確，蝦仁去除腸泥後，
要反覆用太白粉與鹽清洗掉表面的黏液，再將水份徹底的吸乾，
拌入醃料後再冷藏至少30分鐘。只要掌握這幾個重點步驟，
蝦肉就會爽脆又潔白，就算是品質稍微差點的蝦肉也能馬上升等一級喔。

泰國圓茄

材料 4～5人份

鮮蝦 …… 12隻，
　　約600公克
椰奶 …… 300毫升
泰國圓茄子 …… 6個
檸檬葉 …… 5片
紅辣椒 …… 1～2根
九層塔 …… 適量
太白粉 …… 適量，
　　清潔蝦仁用
鹽 …… 適量，
　　清潔蝦仁用

醃料

米酒 …… 1大匙
魚露 …… 1小匙
太白粉 …… 1/2小匙

調味料

綠咖哩醬 …… 2大匙
魚露 …… 1大匙
椰糖 …… 2大匙，
　　可用砂糖替代

1

將鮮蝦剝去頭與外殼，但保留尾部的殼，從背部劃開，小心不要切斷，再去泥腸

背部劃開，蝦的份量變大，外型也美觀

2

加入1大匙太白粉與適量鹽，輕輕抓拌，再洗乾淨，重複3次，瀝乾水份

太白粉可洗去污物與黏液，讓蝦變潔白；鹽則可以去除腥味，並讓蝦肉緊實

3

取一乾淨毛巾(或將廚房紙巾重疊4～5張)，均勻的放上蝦仁，包捲起來並輕壓，徹底吸乾蝦仁的水份

吸乾水份，可讓蝦肉爽口彈牙，也能幫助入味

4

將蝦仁加入醃料拌勻，再放入冰箱冷藏至少30分鐘，備用

冰箱的冷空氣可讓蝦肉緊實乾爽，煮好的蝦就會有彈性喔

5

圓茄子切成4瓣；檸檬葉撕成二半；紅辣椒切斜片；九層塔洗淨，備用

茄子可泡鹽水以防止快速氧化變黑

6

取一鍋，倒入椰奶，以小火加熱至滾，再續滾約3分鐘後，加入綠咖哩醬拌炒均勻

Note 椰奶要加熱至表面浮起油珠，才加入綠咖哩醬

7

加入圓茄子、檸檬葉、魚露、椰糖，煮至茄子變軟

8

再放入蝦仁煮熟

9

再加入紅辣椒、九層塔拌勻，即完成

小米桶的貼心建議

◎ 蝦可以替換成雞肉或是牛肉；椰糖則可替換成黃砂糖；泰國圓茄可用一般的茄子替代。

◎ 建議選購盒裝或新鮮的椰奶，部份罐頭式的椰奶帶有鐵鏽味，要仔細挑選。

什麼是生抽？老抽？甜醬油？

白灼蝦

不管是醬油、生抽、老抽，還是甜醬油，都是黃豆與麵粉發酵出來的調味料。生抽味道較鹹，但是顏色淡淡的，類似淡醬油或白醬油；老抽較不鹹，略帶甜味，顏色深黑，應用在需要醬色的料理，比如：滷、紅燒；甜醬油則是加糖再去熬製，一般應用在涼菜的蘸醬，比如：白斬雞、蒜泥白肉，或是川味辣涼粉；而我們的醬油則介於生抽與老抽之間。建議大家準備一瓶老抽在廚房，隨時可以為菜增加美麗的醬色，更可以替代滷肉時的糖色喔！一般可在大型市場賣醬料雜貨的店，或是迪化街，或是 city's super 超市可購買到。

材料　4人份

活蝦	400公克
蔥	2枝
薑	3～5片
米酒	1大匙
檸檬汁	1～2大匙
白糖	1大匙
蔥花、蒜末、辣椒油	適量，蘸醬用

甜醬油材料

醬油	250毫升
紅糖	100公克
蔥	1枝
薑	2片
八角	1顆
月桂葉	2片
花椒粒	1/2小匙

1
甜醬油材料放入鍋中煮滾後，轉最小火續煮15分鐘
Note 甜醬油要用最小火慢熬，以避免燒焦

2
再以篩網過濾，即成為甜醬油，備用
Note 未用完的甜醬油，可以用玻璃瓶裝好，放入冰箱冷藏保存3～4星期

3
用剪刀剪去蝦尖刺，再去除腸泥，洗淨備用；將2大匙甜醬油加入蔥花、蒜末、辣椒油，拌勻成為蘸醬，備用

4
燒一鍋水，放入蔥、薑煮至水滾

5
再放入蝦、米酒、檸檬汁、白糖
米酒可以去腥；檸檬汁使蝦更加鮮紅，並增加淡淡檸檬清香；白糖則可帶出蝦肉的鮮甜

6
煮約2～3分鐘，撈起瀝乾水份，盛盤，即完成
蝦子呈U形是最佳的熟度，若是V形則半生不熟，若蝦尾緊貼腹部呈O形，則代表煮過頭囉

如何焗出香氣濃郁，又不發出苦味的麻油薑？

麻油蝦

用麻油焗薑會發出苦味，是因為溫度過高，
讓不耐高溫的麻油產生苦味，所以焗薑時的溫度與
火候得特別注意。松露玫瑰的食譜書『我的義大利麵
EASY PASTA』有教大家先以乾鍋的方式：把薑的
水份焗乾，再加入麻油炒出香味。這個方法非常的棒，
對於廚房新手來說較容易掌握到技巧，所以特別將
松露姐的方法推薦給大家，而我又以相同的原理應用
到微波爐，效果也是不錯的喔！

材料　4~6人份

活蝦⋯⋯500公克	枸杞⋯⋯1大匙
黑麻油⋯⋯3大匙	紅棗⋯⋯3~5顆
薑⋯⋯1塊，	米酒⋯⋯250毫升，
約40公克，切薄片	不要用有鹹度的料理
	米酒

小米桶的貼心建議

若無微波爐，則以乾鍋的方式，中小火
慢慢把薑的水份焗乾。

1

蝦洗淨剪去嘴尖，再去掉
腸泥，洗淨備用

去腸泥方法，從背部第三節
處，用牙籤將腸泥挑起去除

2

把薑片放入微波爐，先以
中強火力叮1分鐘

把薑的水份焗乾，薑的香味
會更明顯

3

取出翻面，再叮1分鐘，
重複翻面動作，叮至薑片
捲曲乾燥

Note 薑片的厚度會影響微
波爐叮的時間，請依實際
狀況調整

4

將焗乾的薑片放入鍋中，
再倒入黑麻油，小火焗炒
至香味溢出

先焗乾薑，才加入麻油，可
避免麻油不耐高溫產生苦味

5

加入枸杞、紅棗、米酒，
煮滾

Note 若是不喜歡酒味重，
可以先把米酒滾至酒精揮
發後，再放入蝦

6

再放入蝦，蓋上鍋蓋，續
煮約2~3分鐘至蝦熟，
即完成

Note 枸杞、紅棗的甜，與
蝦的鮮，就已鮮甜無比，
不需再加鹽調味囉

如何拌出又 Q 又彈牙的蝦膠？

百花鑲香菇

1. 選用的蝦要新鮮，最好是買帶殼的蝦，自己剝成蝦仁。2. 蝦肉處理乾淨後一定要將表面的水份吸乾，這樣才容易入味，也變得爽口彈牙。3. 先將蝦肉拍扁成泥狀，讓蝦產生黏性，再用刀剁碎，但不宜剁過細，需帶點丁狀才好吃。4. 要以同一方向攪拌並甩打，讓蝦膠產生更多的黏性，這樣就能做出又 Q 又彈牙的蝦膠。

材料　4～5人份

乾香菇 …… 10～12朵
鮮蝦 …… 剝成蝦仁後
　　　約200公克
肥豬肉 …… 50公克，
　　　燙過後切碎
太白粉 …… 適量，清潔
　　　蝦仁與香菇用
鹽 …… 適量，清潔蝦仁

香菇調味料

醬油 …… 1/2小匙
糖 …… 1/4小匙
炒菜油 …… 1/4小匙

蝦調味料

米酒 …… 1/4小匙
鹽 …… 1/4小匙
白胡椒粉 …… 少許
蛋白 …… 1大匙
香油 …… 1/4小匙
太白粉 …… 1小匙

芡汁

高湯 + 蒸鑲香菇的湯汁
　　　…… 100毫升
鹽 …… 適量
白胡椒粉 …… 少許
糖 …… 少許
香油 …… 1/4小匙
太白粉 …… 1/2小匙，
　　　用少許水調開

1

將鮮蝦去殼剝成蝦仁，再去除腸泥，加入1大匙的太白粉與鹽抓拌，再清洗乾淨；重複3次，瀝乾水份

2

取一乾淨毛巾(或將廚房紙巾重疊4～5張)，將水份徹底吸乾

Note 徹底吸乾水份，可讓蝦肉爽口彈牙，而且也較易入味

也可以將包捲著蝦的毛巾，放入冰箱冷藏1～2小時，加強蝦的乾爽度

3

再將蝦仁用刀拍扁後，稍微剁幾下，使其還帶點丁狀

Note 帶點丁狀吃起更具有層次感

4

放入大碗中摔打約數十下，加入米酒、鹽、白胡椒粉、蛋白，以同一方向攪拌至產生黏性

可集合數把筷子來操作，並以同一方向攪拌，才較易起膠產生黏性

5

再加入肥豬肉碎丁、香油、太白粉

蝦膠拌入肥肉可增加彈性，且肥肉越多，蝦膠越鮮嫩多汁

6

混合均勻後，放入冰箱冷藏約1～2小時，即為蝦膠

冷藏可讓蝦膠充分入味，並讓冷空氣吸收水份，讓蝦膠更爽口彈牙

7

將乾香菇泡軟後，用太白粉搓洗乾淨，再加入香菇調味料拌勻，放入電鍋中蒸約15分鐘，備用

用太白粉搓洗，可讓香菇口感變滑嫩；香菇蒸過則香氣更足

8

將香菇內傘撒上少許的太白粉，再鑲入蝦膠

Note 撒太白粉可幫助蝦膠固定在香菇上，不分離

9

放入水滾的蒸鍋中，大火蒸約6分鐘

10

取一鍋，將芡汁煮滾

11

再淋入鑲香菇，即完成

小米桶的貼心建議

◎ 肥豬肉燙過可去腥，也較易切碎。

◎ 拌好的蝦膠可冷藏保存2～3天。

◎ 也可以將拌好的蝦膠，加入荸薺碎、玉米粒、青豆仁。

如何製作出漂亮的蝦球？

蜜桃鮮蝦球

將蝦去殼後，剖開背部去除腸泥，再進行烹煮，
蝦肉就會自然捲曲成蝦球狀。但是蝦球要漂亮一定得選用新鮮的蝦，
蝦殼要硬挺有光澤，蝦頭無變黑，且與蝦身銜接處硬實不脫離，
蝦肉則要有彈性，這樣製作出來的蝦球才會捲曲的自然漂亮。
若是不新鮮的蝦，就算廚藝再高超，也是無法成型的喔。

1

將水蜜桃瀝去湯汁後，切2公分塊狀；沙拉醬與檸檬汁混合均勻，備用

沙拉醬加入檸檬汁可以解膩，增加檸檬清香

材料　4人份

新鮮蝦仁 ……300公克	**醃料**	**調味料**
水蜜桃罐頭 …… 1小罐	米酒 …… 1小匙	沙拉醬 ……3大匙
蛋黃 …… 1個	鹽 …… 少許	檸檬汁 …… 1小匙
地瓜粉 ……5大匙	白胡椒粉 …… 少許	

2

將蝦仁從背部劃開，深約蝦身的一半，小心不要切斷

背部劃開煮熟就會變成漂亮的蝦球，蝦的份量變大，外型也美觀

3

去除腸泥，用份量外的太白粉與鹽洗淨，再用廚房紙巾將水份徹底吸乾

4

將蝦仁加入醃料拌勻，再加入蛋黃拌勻，再放入冰箱冷藏至少30分鐘

Note 放入冰箱冷藏可稍微吸收蝦的水份，讓蝦口感較爽脆

5

再加入地瓜粉拌勻

拌勻後可先抖掉多餘的粉，等炸的時候，油會較乾淨，也較不易起油爆

6

熱一鍋，放入油，燒熱至中高溫，放入蝦仁以中大火快速炸至表面酥脆，撈起瀝乾油份

Note 蝦易熟，可用中高溫快速炸至表面酥脆

7

另取一鍋，燒熱後，放入水蜜桃大火快速的拌炒數下

放入鍋中拌炒收乾表面水份，可讓水蜜桃更加香甜

8

熄掉爐火，利用餘熱，放入炸蝦球、沙拉醬，輕輕的混合均勻，即完成

Note 若是使用無甜度的沙拉醬（美奶滋），可適量的加入糖或蜂蜜

小米桶的貼心建議

◎ 水蜜桃罐頭可以替換成鳳梨、蘋果。

◎ 地瓜粉可替換成太白粉或玉米粉。

如何讓煮熟的蝦挺直不彎曲？

吉列蝦佐塔塔醬

蝦的主要成份是蛋白質，且蝦背比蝦腹要長，
所以新鮮的蝦一遇熱，
自然就會彎曲。有時我們因為外型的需要，
希望蝦子保持挺直不彎曲，方法很簡單，比如：水煮、
或是燒烤，可以用竹籤串起整隻蝦，
再進行烹調。若是炸蝦，則可以將蝦腹的筋切斷，
並將蝦身拉直，那麼炸熟的蝦就會挺直不彎曲囉。

材料　2人份

鮮蝦 …… 6尾
鹽 …… 少許
白胡椒粉 …… 少許
麵粉 …… 適量
雞蛋 …… 1顆，打散成
　　蛋液
麵包粉 …… 適量

塔塔醬

美奶滋 …… 3大匙
水煮蛋 …… 1顆，切末
洋蔥末 …… 1大匙
檸檬汁 …… 1小匙
巴西利(Parsley)碎末
　　…… 少許

1

將美奶滋、水煮蛋、洋蔥末、檸檬汁、巴西利碎末拌勻，即成為塔塔醬，備用

Note 塔塔醬是雞肉或海鮮炸物的好搭檔

2

將鮮蝦剝去頭與外殼，但保留尾部的殼，去除腸泥清洗乾淨，用廚房紙巾將水份仔細擦乾

蝦尾部的水份要仔細擦乾，以避免炸蝦時產生油爆

3

將蝦的腹部用刀斜劃4刀，深約蝦身的一半，小心不要切斷

Note 腹部就是蝦腳的部位，注意不要錯劃成蝦背喔

4

再將蝦背向上，用手指按壓蝦背，使筋斷裂，再將蝦身輕輕的拉擠變長

Note 按壓蝦背時會聽到「啪」的斷筋聲

5

斷筋後的蝦變得比未處理的蝦還長囉

腹部的筋斷裂，炸熟的蝦就會挺直不彎曲

6

撒上鹽、白胡椒粉，再沾裹上麵粉

沾好後要抖掉多餘的粉，蝦炸熟後的鮮美汁液才不會給粉皮吸掉，也不會感覺都是在吃粉皮

7

再沾上蛋液

8

再沾上麵包粉

Note 沾麵包粉時可用手輕壓固定，但不要沾太厚

9

放入熱油鍋中，以中高溫炸至表面呈金黃酥脆，即可撈起瀝乾油份，食用時蘸塔塔醬即可

Note 蝦很容易熟，只要炸約10~15秒(蝦越大則時間要延長)，呈金黃色即可撈起

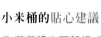

小米桶的貼心建議

◎ 塔塔醬也可替換成番茄醬，或是切小塊的檸檬。

◎ 鮮蝦可替換成魚柳或雞柳。

如何讓蛤蜊吐沙？

蛤蜊
蒸燒賣

材料　12個

蝦仁 ……135公克
豬後腿肉(瘦肉)
　　……100公克
肥豬肉 ……50公克
乾香菇 …… 泡軟擠去
　　水份後約15公克，
　　切碎
蛤蜊 ……12個

調味料

鹽 ……1/2小匙
太白粉 ……1/2小匙
冰水 ……1大匙
白糖 ……1/2大匙
白胡椒粉 ……1/4小匙
香油 ……1大匙

要選購會開合、吐舌的貝類，購買回家後放入水中使其吐沙後，再將外殼清洗乾淨。淡水的貝類，比如：蜆仔，只需用冷水浸泡；而海水貝類，比如：文蛤，則要用鹽水，比例為1公升的清水，約2大匙的鹽。吐沙時，可以放入鐵質的湯匙或菜刀，並放在暗處，較利於吐沙；吐沙的時間約為2小時～半天即可，時間過長蛤蜊肉就會流失膠質不夠鮮滑。

1

豬肉切成0.5公分片狀，用清水沖洗至稍變淡色，用廚房紙巾擦乾水份，再切成0.5公分的肉丁，冷藏備用

沖洗豬肉丁可去除血水腥味，並讓肉質柔軟，蒸熟的燒賣餡也較潔白不灰暗

2

蝦仁去泥腸，用太白粉與鹽洗淨後，用廚房紙巾將水份吸乾，再切成丁狀，冷藏備用

買新鮮的蝦自己剝成蝦仁，製成的燒賣餡才好吃，若蝦不新鮮，餡的口感則會發硬不好吃

3

將肥豬肉放入滾水中燙過後，切成約0.2公分的碎粒，冷藏備用

肥豬肉燙過可以去腥，也較易切碎。肥豬肉不可切太大粒，吃起來容易膩口

4

將豬肉丁放入大盆中，加入鹽、太白粉、冰水，以同一方向攪拌至起膠產生黏性

可以預先將蛤蜊殼打開，將殼裡的汁液冰涼後替代等量的冰水，餡料會更鮮甜

5

再放入蝦肉丁，續以同一方向攪拌至蝦肉起膠產生黏性

Note 餡料一定要打出膠質，才能與蛤蜊緊密黏合

6

再加入肥豬肉碎粒、香菇碎、以及剩餘的調味料

Note 香菇主要是增加香氣，量不可過多，否則燒賣餡微帶點酸味

7

以同一方向攪拌均勻，即成為燒賣餡，放入冰箱冷藏至少30分鐘，備用

Note 放入冰箱冷藏，可讓燒賣餡更加爽口彈牙

8

取一鍋，放入約半碗的水，煮滾後熄火，再放入已吐好沙的蛤蜊，泡至蛤蜊微微張開個細縫

以熱泡法泡至蛤蜊張開小細縫，方便撬開殼，也能讓蛤蜊肉鮮嫩保持肉汁

9

用小刀將蛤蜊殼撬開分成兩半，並取出蛤肉

蛤蜊殼若沒斷筋分成兩半，遇熱會張口大開，蒸熟的燒賣餡就會與蛤殼分離

10

將蛤蜊殼擦乾水份，並在殼內撒上太白粉，幫助緊黏燒賣餡

11

將燒賣餡分成12等份，取一份包入一個蛤蜊肉，再用蛤蜊殼包夾起來

Note 蛤殼撬後，可不取出蛤肉直接鑲餡，但蛤肉會出水，容易讓燒賣餡較無法緊黏

12

再放入水滾的蒸鍋中，以中大火蒸約6分鐘，即完成

Note 將蛤蜊替換成裁成圓形的餛飩皮包裹，就是一般的燒賣囉

蚵仔要如何清洗才能去除腥味？

潮州煎蠔餅

蚵仔表面的黏液是腥味的來源，可以用太白粉或是白蘿蔔泥輕輕抓拌，將蚵仔的髒污與細沙帶走，再沖洗乾淨，蚵仔就會變得潔白無腥味。清洗乾淨的蚵仔可以泡在清水裡冷藏2~3天，但還是建議吃多少、買多少，才夠新鮮好吃。

材料　4人份

蚵仔⋯⋯300公克
韭菜⋯⋯100公克
鴨蛋⋯⋯2個
番薯粉⋯⋯6大匙
再來米粉⋯⋯1大匙，
　　或用麵粉
清水⋯⋯60毫升
香菜碎⋯⋯適量

調味料

魚露⋯⋯1/2小匙
糖⋯⋯1/2小匙
白胡椒粉⋯⋯適量
鹽⋯⋯1/4小匙

小米桶的貼心建議

◎ 食譜用的番薯粉
　 是以番薯(sweet
　 potato)製成，不是
　 樹薯(Tapioca)製
　 成的。

◎ 用雞蛋也可以，但
　 建議用鴨蛋，蠔餅
　 的味道會更讚。

◎ 潮洲蠔餅較濕軟，
　 與我們的蚵仔煎類
　 似，有別於香港大
　 排檔裡炸到酥脆的
　 蠔餅。

1

韭菜洗淨後，切成1公分
小段；取一顆鴨蛋打散成
蛋液，備用

2

將蚵仔加入適量的太白粉
輕輕抓拌，再邊沖洗邊將
皺摺處的細碎蚵殼挑出，
重複2～3次，瀝乾水份

除了用太白粉，也可以用白
蘿蔔泥，將蚵仔的黏液與腥
味去除

3

將蚵仔放在有孔的濾盆裡，
沖入滾水，讓蚵仔呈半熟
狀態，瀝乾水份，備用

沖滾水比用入鍋燙的方式更
能保持蚵仔的嫩度，且半熟
的蚵仔較不會出水，造成蠔
餅過於濕軟

4

將番薯粉、再來米粉、清
水、所有調味料，以及另
一顆鴨蛋混合均勻

5

再加入蚵仔、韭菜，拌勻
成麵糊

6

熱油鍋，倒入麵糊

Note 可將麵糊分成2～3
等份來煎，較易煎熟，也
好翻面

7

再淋入鴨蛋液

表面淋上蛋液，可讓蠔餅煎
得更加金黃酥香

8

煎至底部金黃上色，且表
面呈半凝固狀

9

再翻面，續煎至金黃微
焦，盛起撒上香菜碎，再
蘸魚露食用，即可

透抽、花枝、魷魚要怎麼煮才會爽脆不老硬？

宮保雙鮮

透抽、花枝、魷魚若是沒有掌握好烹煮的時間，
很容易就會讓肉質變老變硬，可以利用熱泡法，
先將水煮至快滾，即可熄火，再將透抽、花枝、
魷魚放入熱水中，用餘溫泡至變色，再撈起泡入冰水
降溫，之後再與配料、調味醬汁快炒，這樣就能保持
肉質的鮮嫩爽脆。而切花刀除了讓外型好看，
也能幫助裹住醬汁，吃起來更入味喔。

材料　4人份

透抽 ……1～2尾，
　　約300公克
新鮮蝦仁 ……10隻
乾辣椒 ……5根，去籽
　　切段
花椒粒 ……1/2小匙
蒜頭 ……1瓣，切片
薑片 ……3片
蔥 ……2枝，切段，
　　分蔥白、蔥綠
蒜味花生 ……50公克

蝦醃料

米酒 ……1小匙
白胡椒粉 ……少許
鹽 ……少許
太白粉 ……1/4小匙

調味醬料

醬油 ……1又1/2大匙
米酒 ……1大匙
糖 ……1大匙
香醋 ……1小匙
太白粉 ……1小匙
清水 ……1大匙

1

蝦從背部劃開去腸泥後，
用太白粉與鹽清洗乾淨，
再將水份徹底擦乾，加
入醃料拌勻，放入冰箱冷
藏，備用

2

用左手按住透抽，右手將
尾部的翅膀用力撕，即可
將透抽的皮膜撕下
透抽的皮膜較韌，所以去除
後的口感較嫩

3

將透抽剖開，去掉中間透明軟骨，清洗乾淨後，用廚房紙巾擦乾

4

再將身體分切成兩半，以解決刀不夠長，不方便拉刀切花

透抽內腔面的頂端有兩個對稱的突起狀，以此就能輕易辨認出內腔面

5

於內腔面斜刀45度的方式劃出斜紋，下刀要深而不斷，深約透抽肉厚度的2/3，且刀間相隔要夠密

注意要在內腔面切花刀喔，若錯切成外面，就無法捲出漂亮的花樣囉

6

接著再以斜刀交叉劃出菱形格子，一樣下刀要深而不斷，刀間相隔要夠密

7

再將透抽分切成4公分的三角形或菱形

8

取一鍋，放入適量的水煮至快滾，熄火，再放入透抽燙約3～5秒至捲起，即可馬上撈起備用

以熱水泡熟，可讓透抽不受水滾的振動影響，保持鮮嫩口感

9

續開爐火煮至滾，再將醃好的蝦仁放入鍋中燙約7分熟，撈起備用

10

取一鍋，冷油放入乾辣椒、花椒粒，小火慢慢的爆出香味後，再將乾辣椒、花椒粒撈起，備用

Note 火候過大，乾辣椒就會變黑，味道不好，而且花椒也會發出苦味

11

續以原鍋，將蒜片、薑片、蔥白，放入鍋中翻炒出香味溢出

12

再放入透抽、蝦仁，以及預先調配好的調味醬料

Note 先將醬汁調配好，再一起下鍋，可縮短透抽、蝦仁在鍋裡的時間，以保持嫩度

13

大火快速翻炒收汁，起鍋前拌入蔥綠、先前撈起的乾辣椒與花生，即可完成

奶油螃蟹燒

分辨公蟹與母蟹的方法很簡單，只要看臍蓋就可以知曉：公蟹的臍蓋是尖尖的，母蟹的臍蓋則是圓圓的。公蟹要挑臍蓋為純白色的，就是未交配的童子蟹，肉質較好吃；而母蟹則要挑臍蓋泛黃的，才會有蟹黃。也就是農曆九月要挑臍蓋圓且泛黃的母蟹，十月則是臍蓋尖且泛白的公蟹。

材料　4人份

活螃蟹 …… 1～2隻，
　　約350公克
洋蔥 …… 中小型的1/2
　　個，切絲
金針菇 …… 1包
蒜末 …… 1又1/2大匙
奶油 …… 3大匙

調味料

米酒 …… 1大匙
鹽 …… 1/4小匙
黑胡椒粉 …… 少許

1

公蟹的臍蓋是尖尖的，母蟹的臍蓋則是圓圓的
公蟹要挑臍蓋為純白色的，母蟹則要挑臍蓋泛黃的，才會有蟹黃

2

將螃蟹凍昏後，用剪刀刺進蟹的嘴部，再打開剪刀，就可以輕鬆的扳開蟹蓋
用剪刀扳開蟹殼，既簡單又安全

3

將蟹身兩側類似菊花瓣的蟹腮、蟹嘴、以及蟹蓋處的沙包去除乾淨，再將蟹身、蟹腳、蟹蓋刷洗乾淨

4

斬下蟹鉗，用刀背將蟹鉗稍微敲裂，再將蟹的身體切塊，備用
蟹鉗敲裂，較易煮熟與入味

5

熱油鍋，放入奶油與蒜末炒出香味

6

再加入洋蔥絲，拌炒至洋蔥微軟，再撒上鹽與黑胡椒粉調味
Note 洋蔥炒過才會釋放出甜味，增加香氣

7

將洗淨的金針菇均勻的鋪在烤皿裡墊底，再放上螃蟹，淋入米酒
喜歡奶味濃郁，則可再淋入1～2大匙的鮮奶油

8

再將炒過的洋蔥鋪在螃蟹上頭，並放上蟹蓋

9

用錫箔紙封好後，放入已預熱的烤箱，以攝氏180度烤約15～20分鐘，即完成
可以用錫箔紙替代烤皿，只要將螃蟹包起來即可，吃完即丟不用清洗

公蟹

母蟹

如何做出嫩嫩的滑蛋料理？

滑蛋蝦仁

滑蛋講究的是蛋要凝而不結，吃進嘴裡還帶有蛋汁的滑嫩口感。

第一個秘訣：先把主料煮熟，再跟蛋混合。

第二個秘訣：蛋液加入牛奶、太白粉水，可以讓蛋有滑嫩的效果。

第三個秘訣：鍋溫不能太熱，油一溫，就要立即將蛋放入，蛋才會凝而不結。

第四個秘訣：小火溫柔的滑炒至半凝固，即可盛起，餘熱會繼續讓蛋熟成。

材料　4～6人份

雞蛋 ……4個
蝦仁 ……20隻
番茄 ……1個(中小型)
炒菜油 ……1小匙，拌
　　番茄用
蔥 ……2枝，切蔥花

醃料

米酒 ……1小匙
白胡椒粉 …… 少許
鹽 …… 少許
太白粉 ……1/4小匙

調味料

鹽 ……1/4小匙
牛奶 ……3大匙
太白粉 ……1大匙

1

將蝦仁從背部劃開，小心不要切斷，再去除腸泥，再將蝦仁用太白粉與鹽清洗乾淨，重複2～3次

2

用廚房紙巾將水份徹底擦乾，再加入醃料，稍微輕輕抓拌，冷藏備用

3

番茄底部用刀輕劃十字，放入滾水中燙至皮捲曲，再泡入冷水裡，撕去皮

4

將番茄去籽切成小丁，拌入炒菜油；牛奶與太白粉混合均勻，成為太白粉水，備用

拌入炒菜油，可讓番茄較不易出水

5

取一鍋，加入1大匙的油燒熱，放入做法②的蝦仁煎至8分熟後，盛起備用

蝦仁用煎炒的方式比用水汆燙，更能保留住蝦的鮮甜

6

將雞蛋加入鹽攪打均勻後，放入番茄丁、蔥花、熟蝦仁、太白粉水，混合均勻

太白粉直接放入蛋液裡，較不容易溶解，必需要先用牛奶調開

7

將鍋燒熱後，加入足量的油(約2大匙)，將爐火轉小，並倒入做法⑥的蛋液

Note 滑蛋油量要足，蛋才會香，也才滑炒的動

8

以小火慢炒的方式，將蛋炒至半凝固，即可盛盤

Note 蛋下鍋後不可煎到底部變硬才翻炒，那樣蛋就會太老了

小米桶的貼心建議

◎ 蝦仁可替換成牛肉、培根、各種海鮮。

◎ 太白粉水中的牛奶，可替換成清水或是高湯。

如何成功的煮出水波蛋？

溏心蛋可樂餅

水波蛋就是用水煮的荷包蛋。煮水波蛋的重點是一次只煮一顆蛋，且蛋要預先打入小碗裡，將鍋裡的水煮滾後，先熄火，用筷子在水裡轉圈產生旋渦，等旋渦快消失時，再將蛋輕輕的滑入水裡，這樣蛋白就不易散開變成蛋花湯。而煮蛋的水可以加入少許的白醋與鹽，白醋可以加速蛋白凝固，鹽則可以縮短煮的時間。煮蛋的水溫不可過高，蛋會變硬，但也不能太低，這樣蛋泡在水裡一直不熟，蛋白會散掉。示範食譜則用另一種方式煮水波蛋，簡單方便，成功率更高。

1

馬鈴薯去皮切0.5公分薄片，排於盤中，撒上蒜末，放入蒸鍋中，蒸約20分鐘至熟軟，再壓成泥狀，備用

馬鈴薯撒上蒜末蒸熟，可讓薯泥香味更上一層樓

2

熱鍋，用奶油將培根碎與洋蔥末炒出香味，盛起

材料　4人份

馬鈴薯 ……400公克

蒜末 ……1小匙

培根 ……2片，切碎

洋蔥末 ……2大匙

奶油 ……1/2小匙，
　　炒培根洋蔥用

雞蛋 …… 較小的4個

白醋 ……1小匙，煮蛋用

鹽 ……1/4小匙，煮蛋用

調味料

鹽 ……1/4小匙

糖 ……1小匙

黑胡椒粉 …… 適量

外層炸衣

麵粉 …… 適量

雞蛋 ……1顆，打散成
　　蛋液

麵包粉 …… 適量

3

再將馬鈴薯泥、培根碎、洋蔥末、調味料，混合均勻，備用

Note 拌好後，可預先分成8等份，每2份為一組

4

取一小湯鍋，放入7分滿的水，煮滾後加入白醋與鹽，轉最小火，備用

Note 白醋與鹽可以加速蛋白凝結

5

取一顆雞蛋，打入網勺，濾除較稀的蛋白

蛋白是由濃與稀蛋白組成，濾掉較稀的蛋白，水波蛋煮的較美，且大小剛好適合包入馬鈴薯泥裡

6

再將蛋放入大小適中的湯勺裡

湯勺可先放入鍋裡燙一下，並盛裝少許的熱水，再放入雞蛋，可防止蛋沾黏湯勺

7

再將盛有雞蛋的湯勺放入鍋裡

若鍋裡的水在滾沸，可先熄火，這樣泡熟的水波蛋才會嫩

8

等湯勺裡的蛋表層稍微凝結變白色時，就可以將蛋離開湯勺，放入鍋裡續泡約3～5分鐘

9

將煮好的水波蛋撈起，放入冰水裡防止蛋黃繼續熟化，再繼續將另外3顆蛋泡煮成水波蛋

Note 水波蛋冰鎮至涼後，再用廚房紙巾上吸去多餘的水份

10

取2份馬鈴薯泥，壓整成餅狀，並將水波蛋放在其中一份馬鈴薯餅上

Note 也可以放上一小片的起司喔

11

再蓋上另一片馬鈴薯餅，並將餅的外圍壓密封口，成為一個包有水波蛋的馬鈴薯餅。另3顆蛋也包入馬鈴薯餅裡

12

將馬鈴薯餅兩面沾上麵粉後，再沾上蛋液，最後再沾上麵包粉

Note 炸衣可以簡化成只沾上太白粉，直接入油鍋炸

13

放入熱油鍋中，以中高溫快速炸至表面呈現金黃酥脆，撈起瀝乾油份，即完成

馬鈴薯已是熟的，只需以高溫快速將表皮炸酥即可，這樣蛋才能保持溏心狀態

小米桶的貼心建議

◎ 雞蛋勿選用大號的，會增加包入馬鈴薯餅的困難度。

◎ 培根可替換成豬、牛絞肉，或是火腿。

如何煎出漂亮又完整不破的蛋皮？

韓式蛋皮壽司

可以在蛋液裡加入太白粉水，增加彈性與韌度。
鍋具則建議使用不沾平底鍋，較好操作。
煎時油量不需過多，用刷子或廚房紙巾刷上薄薄的油
即可。若蛋皮需要翻面煎，則可以利用一根竹筷子，
從蛋皮與鍋之間穿過，讓蛋皮的前端部份
晾在筷子上，接著把整張蛋皮提起來，
就能輕鬆又完整的翻面囉。

壽司飯材料　4份

壽司米(或日本、韓國
　　米)……2量米杯
清水……2量米杯
昆布……10公分小段，
　　可省略
芝麻油(香油)……1小匙
炒香的白芝麻
　　……1小匙
鹽……少許

捲料

火腿……適量，或用
　　蟹肉棒
菠菜……4~6株
紅蘿蔔……適量
醃黃蘿蔔……適量
壽司海苔……4張

蛋皮材料

雞蛋……4顆
米酒……1小匙
鹽……少許
太白粉……1/2小匙，
　　用1/2小匙水調勻

1

米洗淨，加入水，放入昆
布泡約15分鐘，按下電
飯鍋開關烹煮，等冒出蒸
氣時，取出昆布，再繼續
煮至開關跳起後，續燜10
分鐘

若等飯熟才取出昆布，會讓
米飯色澤不夠潔白晶瑩剔透

2

將飯取出，用飯勺由下往
上翻動，使其散熱蓬鬆，
再加入芝麻油、白芝麻、
少許鹽混合均勻，續讓米
飯變微溫後，用飯勺稍微
劃分出4等份，備用
Note 用飯勺由下往上翻
動，讓飯蓬鬆水氣蒸發，
切不可壓拌變緊實

3

將醃黃蘿蔔切成條狀；菠菜燙熟泡入冰開水降溫後，擠乾水份，撒上少許鹽調味，備用

4

紅蘿蔔切絲，用少許油炒熟，並加鹽調味；火腿切0.7公分厚片，入鍋煎香後，再切成條狀，備用

5

將壽司竹簾外套一層保鮮袋，或包一層保鮮膜，以防止污損竹簾

壽司完成後，只要把竹簾外層膠膜去掉即可，簡單又省事

6

取一張海苔，手蘸點冷開水打濕，以防止米粒黏手，再取一等份的米飯均勻鋪平，並稍微按壓米飯變緊實

米飯只需鋪滿海苔的2/3，剩下的部份預留做黏合用

7

再依序擺入捲料

8

邊收拉起竹簾，邊將海苔與捲料包起來

Note 捲時要用手指壓住捲料，以避免捲料跑掉

9

續將另外3份壽司捲完成，備用

捲好的壽司要將黏合處朝下擺放，讓海苔持續濕潤黏合，這樣壽司切片後才不會散開

10

將蛋皮材料混合均勻，用網勺過篩後，均分4等份，備用

● 太白粉直接放入蛋液裡，會不容易溶解調勻，必需要先加水調成太白粉水
● 過篩去除蛋白韌帶，煎好的蛋皮才漂亮，色澤也均勻

11

取一方型鍋或是平底鍋，小火加熱後，抹上少許油，再倒入1等份的蛋液煎至7分熟時，放上壽司

Note 蛋液煎至7分熟時先熄爐火，等壽司包捲至尾端，再開爐火滾動煎香

12

用手小心的邊捲邊將壽司往回拉少許，讓蛋皮與壽司貼緊

Note 壽司並不燙，所以手可以輕抓壽司的兩端操作

13

再包捲起來，續將另外3份壽司包捲完畢，最後再切片，即完成

● 若捲到尾端蛋皮已全熟，可用湯匙盛少許蛋液抹在尾端，續煎熟，即可黏合
● 也可以先把蛋皮煎熟，再抹上少許沙拉醬以幫助黏合，再放上壽司包捲起來

小米桶的貼心建議

◎ 壽司的捲料可自由變化，比如：肉鬆、蟹肉棒、小黃瓜、厚蛋燒、罐頭鮪魚沙拉。

◎ 韓式壽司米飯帶點芝麻鹹香味，也可以變換成日式醋飯口味。

如何成功煮出完美的水煮蛋？

雞蛋牛肉捲

水煮蛋看似簡單，卻暗藏許多小技巧，
才能完美的煮成功。蛋若是從冰箱直接取出煮，
則要以冷水下鍋方式慢慢加熱，就較不易破裂。
而水裡也可加入白醋與鹽，醋可以加速蛋白凝結，
讓蛋不易破裂滲出蛋白，鹽則可以緊實蛋白，
容易剝殼。
若想讓蛋黃固定在中間，則煮的過程要適時翻動蛋。
等鍋裡的水煮滾後，轉小火續煮約3~4分鐘，
約是五分熟，可用來做溏心蛋；續煮約5~7分鐘，
則是七分熟；若想蛋全熟，則續煮約10~12分鐘。

材料　4人份

牛肉片 …… 4大片
雞蛋 …… 4個
鹽 …… 1大匙，煮蛋用
白醋 …… 1小匙，煮蛋用
太白粉 …… 適量

調味料

醬油 …… 1又1/2大匙
米酒 …… 1又1/2大匙
糖 …… 1大匙
清水 …… 2大匙

1

取一鍋，放入雞蛋、淹蓋
過蛋約5公分的冷水、鹽
與白醋，以中火開始加熱
剛從冰箱取出的雞蛋，以冷
水下鍋方式慢慢加熱，較不
易破裂

2

約加熱至3分鐘後，開始
翻動雞蛋，注意不是攪拌
鍋裡的水產生漩渦，這樣
蛋只是原位的旋轉
翻動雞蛋可讓蛋黃固定在蛋
的中間

3

水滾後轉小火續煮約6分
鐘，即可整鍋放在水龍頭
底下，邊敲裂蛋殼，邊沖
水至水變涼，並剝去蛋殼
在水中較容易剝殼，剝好的
蛋要泡在冷水裡，防止繼續
熟化

4

將牛肉片攤平，撒上少許
太白粉，再將擦乾水份的
水煮蛋，拍上薄薄的太白
粉，放在肉片上
牛肉片若較小塊，可將2~3
片肉重疊成一大片的肉

5

肉邊捲邊往回收拉，將整
個蛋包捲起來

6

熱油鍋，先將黏合處朝下
煎至定型後，再翻滾續煎
至肉變色
Note 先將黏合處朝下煎至
定型，這樣肉片就不會散
開來

7

加入預先混合均勻的調
味料

8

邊晃動鍋身、滾動肉包，
邊大火快速收汁，即完成
Note 滾動肉包就能均勻的
接觸到醬汁

料理皮蛋時，如何避免蛋黃把整道菜染灰？

瑪瑙蛋

料理皮蛋時最常見的狀況，就是蛋黃把整道菜染灰，
比如著名的三色蛋，若沒特別注意，原本應是白色的部份，
就會變得灰黑不好看，那麼該怎麼解決呢？
可以先把皮蛋煮熟再進行料理，或是直接切開後沾粉炸酥，
再與配料、醬汁拌炒，這樣皮蛋就不容易把整道菜
變成灰灰濁濁的囉。

材料 4～6人份

雞蛋 ……4個

皮蛋 ……2個

生鹹蛋 ……2個
　用熟鹹蛋亦可，就不
　用再煮過

米酒 ……1/2大匙

1

將皮蛋與生鹹蛋放入冷水鍋裡，以中小火煮至滾後，再續煮約8分鐘，即可撈起

皮蛋煮過，讓蛋黃不溏心，蒸好的瑪瑙蛋才不會灰灰濁濁的不好看

2

皮蛋與鹹蛋降溫後，去殼切成0.5～0.7公分的小丁狀，備用

Note 蛋白、蛋黃要分開切，蒸好的瑪瑙蛋才會顏色分明漂亮

3

將雞蛋洗乾淨後在鈍的一端，用小湯匙輕輕敲裂痕，小心的將蛋殼剝去，約直徑1公分的大小

Note 鈍的一端是充滿空氣的氣室，從這端較易敲裂

4

將蛋膜去掉，再倒出蛋白

Note 小心不要將蛋黃弄破混入蛋白裡

5

再將蛋黃倒入另一個小碗後，將空蛋殼洗淨，瀝乾殼內的水份

Note 剩下的蛋黃，可作其他用途，比如炒飯

6

將蛋白加入米酒輕輕打散，再用網篩過濾2次，以消除泡沫

Note 消除泡沫，蒸好的瑪瑙蛋才會平滑無孔洞

7

將雞蛋殼倒入少許的油，轉動，讓內部都能沾到油，再將油倒出，再放入切丁的皮蛋與鹹蛋

Note 蛋殼倒入油可以防沾黏，蒸好的瑪瑙蛋也較易剝去蛋殼

8

接著再倒入雞蛋白，約8分滿即可

Note 蛋白若倒太滿，蒸時蛋白會溢出

9

放入水滾的蒸鍋中，以中小火蒸約10分鐘

Note 蒸時鍋蓋留點小縫，蒸好的瑪瑙蛋才不會坑坑洞洞的

10

蒸好取出，等降溫變涼後，即可剝去蛋殼切小份食用

Note 若能冷藏至冰涼定型，切時會較不易散，也切的漂亮

小米桶的貼心建議

> 也可以只用生鹹蛋與皮蛋來製作。將生鹹蛋挖個小洞，直接塞入皮蛋丁，塞時鹹蛋白會溢出來，可用個碗盛接，塞滿後放入鍋中蒸熟，即完成 。

如何蒸出又滑又嫩的蒸蛋？
薑汁燉奶

打蛋時要以同一方向攪打。加入蛋液得是溫開水，若用生水，蒸好的蛋容易產生孔洞，如月球表面，且溫開水也能縮短蒸的時間。蛋液調好後要再用網篩過濾2~3次，去除雜質與消泡，再將蛋液表面的泡泡撈掉。蒸時，火不可一味的過大，火侯須分階段，初時可先大火讓蛋液升溫，到了中期就要轉小火，且鍋蓋不要蓋緊，放根筷子留些空隙，這樣蒸蛋的口感就會細滑柔嫩。

小米桶的貼心建議
不加薑汁，就是另一道港式甜品「鮮奶燉蛋白」

材料　4人份
老薑⋯⋯1塊
牛奶⋯⋯350毫升
白糖⋯⋯70公克
雞蛋白⋯⋯3個

蜜紅豆⋯⋯4大匙，
　　可省略
耐熱的陶瓷碗⋯⋯4個

1
把老薑磨泥，去渣留下薑汁1大匙，備用

2
取一小鍋，放入牛奶、白糖，以小火邊煮邊拌至糖完全溶化，備用
Note 牛奶不用煮至滾，溫溫的能讓糖溶解即可

3
將蛋白輕輕攪拌打散後，再加入薑汁、做法②的牛奶
Note 牛奶不可以過燙喔，否則會變蛋花湯

4
用細網勺或咖啡濾紙將牛奶蛋液過篩2~3遍，再靜置3~5分鐘，讓氣泡充份的浮出表面消泡
過篩可將打不散的蛋白濾掉，並消掉泡末，燉好的蛋才會細滑

5
把耐熱的陶瓷碗放入水滾的蒸鍋中蒸約5分鐘，讓陶瓷碗變熱，再倒入牛奶蛋液，並將表面泡泡刺破
陶瓷碗先蒸熱，可以縮短蒸的時間，保持燉奶滑嫩

6
先以中大火蒸約5分鐘，再轉最小火，並在鍋蓋處放根筷子留些空隙，蒸約6~8分鐘，即可取出，食用時才放入蜜紅豆，冷熱食用皆適合
竹製蒸籠不怕水蒸氣滴落到燉奶，若是一般鍋具，可將陶瓷碗蓋上錫箔紙

用不完的豆腐要怎麼保存？

鮮菇燒凍豆腐

豆腐購買回家後先清洗乾淨，再用保鮮盒盛裝，
並加入可以淹蓋過豆腐的水量，以及少少的鹽，
再放入冰箱冷藏，並每日換水，
這樣豆腐就可以保存好幾天也不變壞。
或是將豆腐切成塊狀，放入冷凍庫冰成凍豆腐喔！

材料　4人份

凍豆腐……1盒
鮮香菇……12朵，
　　或各式菇類
薑……1片，切絲
蔥……3枝

調味料

味噌……1大匙，可替
　　換成醬油
米酒……1小匙
糖……1/2大匙
清水……120毫升

1

將凍豆腐解凍後擠去水
份，並用手撕對半；鮮香
菇洗淨切小塊；蔥切段，
並將蔥白、蔥綠分開；調
味料混合均勻，備用

將凍豆腐的水份擠去，才有
多餘空間吸收調味料，吃起
來才夠味

2

熱油鍋，將凍豆腐稍微煎
上色，再放入薑絲、蔥白
爆香

3

放入香菇後轉中大火翻炒
均勻，再加入調味料，煮
至稍微收汁

蘑菇、鮮香菇、杏鮑菇 等
等的所有菇類，必須要大火
炒，這樣才不容易出水喔

4

最後撒入蔥綠，翻炒數
下，即完成

嫩豆腐要怎麼燒才不易稀爛破碎？

肉末燒豆腐

嫩豆腐滑嫩柔軟深受大家的喜愛，但料理時
很容易就破碎，烹煮前可以將切小塊的豆腐，
先放入熱鹽水中泡約10分鐘，鹽可讓豆腐排水，
使外型較挺不易破碎。豆腐下鍋後不應該用翻炒的
方式，而是要將鍋鏟貼著鍋輕輕推動豆腐，
這樣燒豆腐才不易稀爛破碎喔！

材料　4人份

嫩豆腐 …… 1塊
豬絞肉 …… 120～
　　150公克
蒜末 …… 1小匙
薑末 …… 1/4小匙
蔥花 …… 適量
太白粉水 …… 適量

調味料

米酒 …… 1小匙
醬油 …… 2大匙
老抽 …… 1小匙，增加
　　醬色，可省略
糖 …… 1/2大匙
清水 …… 150毫升

1

將豆腐切1.5公分方塊
後，放入加有1小匙鹽的
熱開水中泡約10分鐘，
再撈起瀝乾水份，備用
泡熱鹽水可去除豆腥味和
排水，讓豆腐燒煮時較不易
破碎

2

熱油鍋，先將絞肉煎炒至
微焦，並散發出肉香後，
放入蒜末、薑末爆香

3

嗆入米酒翻炒均勻，加入
醬油炒出香味後，再加入
老抽、糖、清水，煮至滾
Note 若加入辣豆瓣醬，則
成為麻婆豆腐

4

放入豆腐煮約2分鐘，使
其入味

5

再加入太白粉水勾芡收
汁，起鍋前撒入蔥花，即
完成

煎豆腐與炸豆腐的技巧？

三杯老皮嫩肉

煎豆腐的重點：

油夠熱才下鍋，且不要急著翻動，先讓豆腐煎定型。
煎之前可先將切片（塊）的豆腐表面撒鹽或泡鹽水約
20分鐘，鹽可讓豆腐排水，煎時較不易破碎；接著再
瀝乾水份，於表面撒點麵粉、太白粉、或是沾蛋液作
為保護膜，再放入油溫較高的鍋中煎至兩面金黃。
選用不沾鍋會較容易操作。

炸豆腐的重點：

油溫一定要高，至少要攝氏200度，因為豆腐含水量
高，若油溫過低就無法迅速將豆腐表面炸酥、炸定
型，只會讓豆腐越炸越小塊，且油膩。

材料　4人份

雞蛋豆腐……1盒，
　　或用嫩豆腐
薑……1小塊，切片
蒜頭……6瓣，對半切粒
紅辣椒……1條，切片
九層塔…… 適量
麻油……3大匙

調味料

酒……3大匙
醬油……1大匙
蠔油（或香菇素蠔油）
　　……2大匙
糖……1小匙
清水……200毫升

1

將雞蛋豆腐切塊，用廚房
紙巾吸去水份，備用
Note 雞蛋豆腐軟硬適中，
對廚房新手來說較容易
操作

2

油鍋燒至攝氏200度的高
溫，將豆腐延著鍋緣滑入
油鍋裡，炸至表皮呈琥珀
色後，撈起瀝油，備用
豆腐要延著鍋緣滑入油鍋裡
才安全，也較不會濺起熱油

3

薑片用微波爐叮至捲曲乾
燥後（參考65頁），放入
鍋中，再放入蒜頭、辣椒
片、麻油，小火煸炒至香
味溢出
Note 若無微波爐，則以乾
鍋的方式，中小火慢慢把
薑的水份煸乾

4

再放入豆腐、所有調味
料，以中火煨煮至豆腐入
味，再轉大火進行收汁

5

起鍋前，再加入九層塔，
即完成

油豆腐要怎麼去除油耗味又容易入味？

豆腐泡鑲肉

油豆腐是用豆腐炸製而成的，表皮的含油量高，
這可是會阻礙調味料進入豆腐內部；
所以做油豆腐料理前，可先放入滾水中燙約 1~2 分鐘，
一方面可以去除多餘的油脂，幫助入味，
二來也能去除不好聞的油耗味。

材料　4人份

豆腐泡 ……2.5～
　3公分方塊的12個
豬絞肉(肥3瘦7)
　……150公克
荸薺 ……3個，切碎
蔥 ……2枝，切段，
　分蔥白、蔥綠

蔥薑水

蔥 ……1枝
薑 ……1小塊
米酒 ……1小匙
清水 ……3大匙

肉餡調味料

醬油 ……1小匙
蒜頭 ……1瓣，切碎末
白胡椒粉 …… 適量
香油 ……1小匙
太白粉 ……1小匙

調味料

醬油 ……2大匙
糖 ……1大匙
清水 ……200ml
香油 ……1小匙

1

將蔥與薑用刀拍扁，加入
米酒與水，擠抓出蔥薑汁
液，再瀝出蔥薑水，備用
Note 蔥薑水是拌肉餡的重
要功臣，可讓肉餡吃起來
鮮嫩多汁

2

將絞肉放入大盆中，加入
醬油、蒜末、白胡椒粉，
以同一方向攪拌至產生黏
性起膠狀態

3

再將蔥薑水分3次加入盆
中，一面加水一面攪拌至
水份完全被絞肉吸收

4

加入香油、太白粉，攪
拌均勻，再加入荸薺碎，
混合均勻成為內餡，冷
藏備用

5

將豆腐泡放入水滾的鍋
中，稍微汆燙後，撈起擠
去水份
汆燙可以去除多餘油脂與油
耗味，也有助於吸收醬汁，
更加入味

6

在豆腐泡的一側剪開個小
洞，再將肉餡塞入豆腐泡
內，備用

7

熱油鍋，將塞好肉的豆腐
泡以開口朝下的方式，放
入鍋中煎至定型封口
開口朝下放入鍋中煎至定型
封口，肉餡就會乖乖的待在
豆腐泡裡頭

8

再放入蔥白爆香，嗆入醬
油，加入清水、糖
Note 過程中可以用鍋鏟輕
輕移動一下豆腐泡，使其
均勻入味

9

以中火煨煮至入味，再
轉大火進行收汁，起鍋
前灑入蔥綠，淋入香油，
即完成

炸物要怎麼炸才會酥脆不油膩？

夾心豆腐排

食材放入熱油鍋裡，先以中小火炸熟，等要起鍋前，轉大火讓油溫升高，
就能逼出油質，炸物才會酥又脆。但有的食材本身水份含量就多，
比如：豆腐，所以炸好要趕緊食用，以免內部水份跑出來，
就變得濕軟不脆了。炸物完成後剩下的油，可用網勺墊一張廚房紙巾，
將油過濾乾淨，但一定要在油仍熱時過濾，油一冷會產生黏性，
就不好過濾了，再將油用容器裝好，放入冰箱冷藏，用來炒菜，
並於近日內趕緊使用完畢。

材料 2～3人份

板豆腐 ……1塊
豬絞肉(肥3瘦7)
 ……100公克
鹽 …… 少許
白胡椒粉 …… 少許
太白粉 …… 適量
麵粉 …… 適量
雞蛋 ……1顆，打散成
 蛋液
麵包粉 …… 適量

絞肉調味料

醬油 ……1小匙
米酒 ……1小匙
蒜末 ……1/2小匙
白胡椒粉 …… 少許

1

將豆腐放入加了鹽的滾水中燙約2分鐘，撈起瀝乾水份，放涼備用

豆腐燙過可去豆腥味，也能減少豆腐內的多餘水份

2

將豆腐切成8等份，每片厚度約1公分，再兩面均勻撒上鹽、白胡椒粉，墊在紙巾上靜置10分鐘入味，以及排出多餘水份

3

將豬絞肉加入調味料，以同一方向攪拌至產生黏性起膠狀態後，均分成4等份，備用

4

在豆腐上面撒上適量的太白粉，再將絞肉餡均勻鋪上

Note 撒上適量的太白粉可幫助肉餡與豆腐相互黏合

5

再蓋上另一片豆腐，稍微輕壓使其緊密黏住肉餡，再用刀將每份豆腐對切成2半

豆腐切半可幫助肉餡較容易炸熟

6

將豆腐沾上麵粉

7

再沾上蛋液

8

再沾上麵包粉

Note 沾麵包粉時可用手輕壓固定，但不要沾太厚

9

放入熱油鍋中，先以中油溫炸至表面微黃，再轉大火升高油溫炸至金黃酥脆，撈起瀝乾油份，食用時搭配泰式酸甜醬或是番茄醬，即可

Note 豆腐水份多，炸好要馬上吃，口感才酥脆。

如何用豆腐做沙拉

三色豆腐抹醬

豆腐的營養價值高，烹調方式也多樣化，可以煎、煮、炒、
炸、焗烤，也能涼拌，或是做成沙拉抹醬，健康又低脂，
不但清爽，還兼具有飽足感喔。

小米桶的貼心建議
可以用各式燙熟的蔬菜，或是
蘇打餅乾，搭配豆腐抹醬食用。

材料　4人份

小黃瓜 ⋯⋯1根，切長條
紅蘿蔔 ⋯⋯1/2根，
　　切長條
西芹 ⋯⋯1～2枝，
　　切長條
法式木棍麵包 ⋯⋯1/4
　　條，烤酥後切片

酪梨豆腐抹醬

板豆腐 ⋯⋯1/3塊
酪梨 ⋯⋯1個
檸檬汁 ⋯⋯1小匙
美奶滋 ⋯⋯1大匙
醬油 ⋯⋯1/2小匙
鹽和黑胡椒粉 ⋯⋯ 少許

鮪魚豆腐抹醬

板豆腐 ⋯⋯1/3塊
油漬鮪魚罐頭 ⋯⋯1/2
　　小罐，約40公克
洋蔥末 ⋯⋯1大匙
檸檬汁 ⋯⋯1小匙
日式胡麻沙拉醬(或美奶
　　滋)⋯⋯1大匙
鹽和黑胡椒粉 ⋯⋯ 少許

南瓜豆腐抹醬

板豆腐 ⋯⋯1/3塊
南瓜 ⋯⋯100公克
核桃仁 ⋯⋯1大匙
日式胡麻沙拉醬(或美奶
　　滋)⋯⋯1大匙
鹽和黑胡椒粉 ⋯⋯ 少許

1

將豆腐剝大塊，放入加了
鹽的滾水中，燙約2～3
分鐘
Note 涼拌用的豆腐燙煮過
可殺菌較衛生

2

撈起，用棉布包裹住，稍
微扭擠出水份，再壓成泥
狀，分成3等份，備用
Note 也可先用廚房紙巾吸
去多餘水份，再用菜刀壓
成泥狀

3

酪梨挖出果肉，壓成泥
狀，再拌入檸檬汁
拌入檸檬汁可預防酪梨快速
氧化變黑

4

再與一份豆腐泥、美奶
滋、醬油、少許鹽和黑胡
椒粉混合均勻，即成為酪
梨豆腐抹醬，冷藏備用

5

將罐頭鮪魚瀝乾汁液後，
用叉子搗鬆

6

再與一份豆腐泥、洋蔥
末、檸檬汁、日式胡麻醬、
少許鹽和黑胡椒粉混合均
勻，即成為鮪魚豆腐抹
醬，冷藏備用

7

南瓜連皮蒸熟後，挖出果
肉，壓成泥狀，備用

8

核桃仁放入鍋中，以小火
乾炒至酥香，等冷卻後稍
微壓碎，備用

9

再將南瓜泥、核桃碎、一
份豆腐泥、日式胡麻醬、
少許鹽和黑胡椒粉混合
均勻，即成為南瓜豆腐抹
醬，冷藏備用

10

將小黃瓜、紅蘿蔔、西芹，
用玻璃杯盛裝擺排，並放
上切片的法式木棍麵包，
再與三種口味的豆腐抹醬
搭配食用，即完成

金銀蛋肉鬆浸絲瓜
☞ P.102

蠔油燜冬菇
☞ P.103

如何炒絲瓜不變黑？

金銀蛋肉鬆浸絲瓜

購買絲瓜時要挑選外皮光滑無損，且不要有被蜜蜂
螫過的結痂，這樣的絲瓜炒出來較不容易黑。
絲瓜要現炒現切，不可切完等一陣子才入鍋炒；
削絲瓜皮時不要太用力，以避免將瓜肉捏黑，
並且一定要將蒂頭硬硬的心挖掉。
還有避免使用鐵鍋來炒，下鹽也不可過早，
要等起鍋前再加鹽調味，這樣炒出來的絲瓜就不容易變黑。

1

皮蛋煮熟後，去殼切小
塊；鹹蛋白、蛋黃分開，
並將蛋白打散，蛋黃壓扁
再稍微切碎丁，備用

鹹蛋黃可用保鮮膜包住，再
壓扁，用刀背切碎塊，簡單
又方便

2

將絞肉醃料依序拌入絞
肉，再放在網勺裡，碗也
行，邊沖入滾水，邊用筷
子撥鬆，至肉變色後瀝乾
水份，備用

沖滾水將絞肉斷生去除血
水，入鍋煮時湯汁才不會混
濁起浮末

材料　4人份

皮蛋	1顆
生鹹蛋	1顆
豬絞肉(瘦肉)	100公克
澎湖絲瓜(角瓜)	1條
薑片	1片，切絲
蒜頭	2瓣
米酒	1小匙
清水	250毫升
鹽	適量(如需要)

絞肉醃料

鹽	1/8小匙
米酒	1小匙
水	1小匙
太白粉	1小匙

小米桶的貼心建議

除了絲瓜也可改用其
他青菜，比如：莧菜、
豆苗。

3

絲瓜用刨刀將凸起的部份
刨掉，留下凹處的皮，並
用刀背稍微刮除較老的表
皮，再切成滾刀塊，備用

絲瓜皮是可食用的，且保留
部份的皮，可讓煮熟的絲瓜
較脆綠與硬挺不軟爛

4

取一鍋，將絲瓜放入鍋
中，乾炒至絲瓜表面乾身
後，加入1大匙的油，翻
炒至絲瓜裹上油

絲瓜先炒乾水份再下油，油
才能包覆住絲瓜，讓絲瓜定
型，鎖住甜味

5

再放入薑絲、蒜頭一同炒
出香味，嗆入米酒，再倒
入清水煮滾後，加入做法
②的絞肉鬆、鹹蛋黃，續
煮至湯滾

炒綠色蔬菜時可加入米酒
增加香氣，也能讓菜顯得
更鮮綠

6

再加入皮蛋，煮約幾十秒
後，淋入鹹蛋白，續煮至
熟，再調整鹹度，即完成

Note 皮蛋後下可預防湯
汁變灰，蛋白有鹹度，所
以最後才依情況加鹽調整
鹹度

泡發乾香菇要用冷水？還是熱水？

蠔油燜冬菇

乾香菇若用熱水泡發，香菇的香氣會跑光光，
所以乾香菇應該要用冷水泡發，且泡到軟即可，
泡過久也會讓香菇的營養與香氣流失。
新鮮的香菇或其他新鮮菇類，因栽種的方式較無雜質
或泥濘，烹煮前可快速沖下水即可，若很乾淨
甚至不洗都行，以避免將養份與香氣洗掉。

材料　4人份

乾香菇 ⋯⋯ 中型的
　　　12～15朵
香油 ⋯⋯ 1小匙
薑 ⋯⋯ 1片
太白粉 ⋯⋯ 1大匙，
　　　清洗香菇用
太白粉水 ⋯⋯ 適量，
　　　勾芡用

糖 ⋯⋯ 1/2小匙
浸香菇水 ⋯⋯ 200毫升
雞高湯 ⋯⋯ 200毫升，
　　　或全用香菇水

墊底燙青菜

青江菜 ⋯⋯ 適量，
　　　萵苣生菜亦可
炒菜油 ⋯⋯ 1大匙
鹽 ⋯⋯ 1/2小匙
糖 ⋯⋯ 1/2小匙

調味料

蠔油 ⋯⋯ 1又1/2大匙，
　　　可用素蠔油，但糖要減量

1

乾香菇洗淨後，用冷水泡
至軟

乾香菇要用冷水泡，香氣才
不會跑掉，而且泡軟即可，
若泡過久也會讓香氣流失

2

將泡軟的香菇剪去蒂頭，
拌入太白粉抓勻，再清洗
乾淨

太白粉除了可將菌褶裡的細
沙帶走，也能讓煮熟的香菇
更滑嫩

3

熱鍋，放入香油、薑片
爆香，再放入香菇翻炒
出香味

香菇炒過再滷，香氣會更足

4

加入所有調味料煮滾後，
轉小火燜煮約20分鐘

5

等香菇快要起鍋前，另取
一鍋，加入適量的水煮滾
後，放入炒菜油、鹽、糖
與青江菜，燙至菜熟撈起
排盤

燙菜的水裡加糖與油，可讓
燙好的青菜色澤油亮翠綠，
味道也更清甜

6

香菇燜至入味後，轉大火
稍微收汁，並加入適量的
太白粉水作勾芡
Note 也可以不勾芡，只用
大火收汁，冷卻後冰在冰
箱，隨時取出當小菜，或
是便當菜

7

最後再將香菇排入盛有青
菜的盤中，淋上少許芡
汁，即完成

如何讓茄子不變黑？

紅燒鑲茄子

想要保持茄子色澤，可以先油炸過後再料理；
或是茄子不要切太大塊或太厚，縮短烹煮的時間，
也較不易變黑；或是茄子切好用鹽、白醋醃至出水，
擠去水後再入鍋炒。而蒸茄子要等水滾才放入鍋裡，
以猛火蒸；燙茄子則是水滾放入茄子後，
在上頭用盤子壓著，讓茄子在水面下煮至熟，
這樣茄子就較不易變黑囉。

材料　4人份

茄子 ……2根
豬絞肉 ……120公克，
　　肥3瘦7的比例
蔥 ……2枝，切蔥花
蒜頭 ……2瓣，拍碎
紅辣椒 ……1根，切片

肉餡調味料

醬油 ……1小匙
米酒 ……1/2小匙
蒜頭 ……1瓣，切碎末
白胡椒粉 …… 適量
清水 ……1大匙
香油 ……1/2小匙
太白粉 ……1小匙

調味料

醬油(或蠔油)……1大匙
糖 ……1/2大匙
清水 ……150ml
香油 ……1小匙

1
將絞肉加入醬油、米酒、蒜末、白胡椒粉、清水，以同一方向攪拌至產生黏性起膠狀態，再加入香油、太白粉攪拌均勻，備用

2
茄子洗淨後，切約4公分段，將其中一端以十字縱向切入3/4
Note 也可以橫切一刀後，再斜切第二刀，形成一個缺口，用來鑲肉

3
將切口處沾上薄薄的太白粉後，塞入肉餡，並在肉餡表面拍上薄薄的太白粉，用手輕輕捏緊
沾太白粉可以防止肉餡與茄子分離散開

4
熱鍋，加入適量的炒菜油，燒熱後，放入鑲茄子以半煎半炸的方式炸至肉熟，即可撈出瀝乾油份，備用

5
續用原鍋，留下少許油，先爆香蒜末與紅辣椒片，再加入調味料(香油除外)，煮至滾

6
再放入鑲茄子，大火煮至收汁，起鍋前淋入香油，並撒上蔥花，即完成

紅燒鑲茄子
☞ P.104

鹹蛋炒苦瓜
☞ P.106

讓苦瓜不苦的方法？

鹹蛋炒苦瓜

1. 選購苦瓜時，盡量挑選表面凸起顆粒較大的。顆粒越大，苦瓜則越不苦。
2. 苦瓜去除內籽時，白囊的部份要盡量刮除乾淨，那是苦味的大部份來源。
3. 去囊後，可抹上鹽靜置約20分鐘，使其去除苦水，再洗淨切片，下鍋炒。
4. 或去囊後切片，放入滾水中汆燙，再撈起泡入冰水，這樣既能減少苦瓜的苦味，又能保持脆綠，下鍋很快就能炒熟。
5. 若是涼拌，則可以切薄片後，用加有白醋的冰開水冰鎮（冰水可多換幾次）。

材料　4人份

苦瓜 ……1條
熟鹹蛋 ……2顆
香油 ……1大匙
蒜頭(切碎) ……1瓣
蔥花 …… 適量

調味料

糖 ……1/2小匙
米酒 ……1小匙

※ 若使用的鹹蛋不夠鹹，則可適量加鹽調味

1

將鹹蛋黃與鹹蛋白分開，並切成丁狀，備用

2

將苦瓜的白囊刮除乾淨
苦瓜的白囊要盡量刮除乾淨，那是苦味的大部份來源

3

苦瓜切薄片後，再放入滾水中汆燙1分鐘，撈起瀝乾水份，備用
切薄片放入滾水中汆燙，是去除苦味的重要步驟喔

4

取一鍋，加入1大匙炒菜油與1大匙香油，燒熱後，放入蒜末爆出香味
Note 加入香油拌炒，增加香氣

5

放入鹹蛋黃，以中小火拌炒至冒泡
Note 蛋黃炒至冒泡，讓蛋香更濃郁

6

再放入苦瓜、鹹蛋白拌炒均勻，再嗆入米酒，撒入糖
糖也有減少苦味的效果喔

7

炒至苦瓜熟軟後，撒上蔥花拌勻，即完成

小米桶的貼心建議
白色苦瓜口感較軟，綠色苦瓜口感則較脆，可依喜好選用。

菠菜要怎麼炒才會脆嫩又無澀味？

薑燒豬肉炒菠菜

烹煮菠菜時，我習慣先快速燙過，再下鍋大火快炒，
就能夠炒出脆嫩又不澀的菠菜。菠菜買回家後，
整株洗淨，放入滾水中燙約30秒後，撈起泡入冷水中
降溫，再輕擠去水份，用保鮮盒冷藏保存，
並盡量在2~3天內使用完畢。這樣除了可以節省冰箱
空間，方便菠菜的保存，而且還能馬上從冰箱取出，
下鍋清炒，省去前置作業。

材料　4人份

梅花肉(或五花肉)薄片
　……250g
菠菜……1把
　(約8~10株)

調味料

薑泥……1/2大匙
醬油……1又1/2大匙
米酒……1大匙
糖……1/4小匙
鹽……依實際鹹度決定
　是否加入

1

將菠菜根部稍微去除，再
淨泡並清洗乾淨
Note 根部不要整個切掉，
以避免菜葉散開

2

放入滾水中燙約30秒後，
撈起泡入冷水中降溫，再
撈起輕擠去水份，備用
Note 降溫後的菠菜可以
整株用保鮮盒冷藏保存
2~3天，隨時取用

3

將菠菜切成5公分段長；豬
肉片切成3公分段長；調味
料預先混合均勻，備用
Note 菠菜與肉的用量比
例，可自由變化

4

熱油鍋，放入豬肉片煎炒
至變色，再加入調味料，
翻炒至肉熟
Note 當菠菜吸收了豬肉
的油脂，變得清脆鹹香又
好吃喔

5

再加入菠菜，快速翻炒均
勻，即完成
Note 起鍋前可以撒入少許
炒香過的白芝麻(用手指
捏碎)，增加香氣

1

將馬鈴薯外皮刷洗淨後，
放入水滾的鍋中，煮至筷
子可以輕鬆插入狀態，取
出並剝去外皮，再切成小
塊，備用

連皮水煮才能保持完整的形
體，且煮熟的馬鈴薯皮輕輕
一碰就脫皮囉

2

小黃瓜用鹽輕搓表皮後，
再用水清洗乾淨，切約
0.2公分的圓薄片，撒上
糖拌勻，醃至出水，再擠
去水份，備用

用糖醃至出水，小黃瓜帶點
點甜度很適合拌成沙拉

如何去除小黃瓜的青澀味？

小黃瓜馬鈴薯沙拉

小黃瓜吃起來若是感到有股澀澀的青味，
是清洗上的問題喔！建議廚房可以準備一塊菜瓜布，
用來專門清洗蔬果用，以小黃瓜來說，
用菜瓜布輕輕將表面刺刺的刷洗乾淨，
或是用鹽輕搓表皮後，再用水清洗乾淨，
這樣就能去除小黃瓜的青澀味。

3

水煮蛋將蛋白切小塊、
蛋黃弄成鬆散狀；玉米粒
瀝乾汁液；火腿切小塊，
備用

4

將處理好的馬鈴薯、小黃
瓜、水煮蛋、玉米粒、火
腿與沙拉醬混合均勻，再
撒鹽與黑胡椒粉，調整味
道，即成為小黃瓜馬鈴薯
沙拉，冷藏備用

材料　4～6人份

馬鈴薯……2顆， 　　約300公克	沙拉醬（美乃滋） 　　……3大匙
小黃瓜……1/2條	鹽……適量
白糖……1/2小匙， 　　醃小黃瓜用	黑胡椒粉……適量
	法式木棍麵包……1根
水煮蛋……1顆	
罐頭玉米粒……3大匙	
火腿……2片	

◯◯ **小米桶的貼心建議**

◎ 小黃瓜要挑選帶有
　刺的，表示較新鮮。

◎ 馬鈴薯可以替換成
　南瓜或是地瓜。

5

將法棍麵包切成2.5～3
公分段長，並放入烤箱回
烤至表面酥脆，再將中間
的麵包心挖掉一部份，成
為一個麵包碗

6

將小黃瓜馬鈴薯沙拉填入
麵包碗裡，即完成

如何輕鬆的幫番茄去皮？

蜂蜜梅漬番茄

番茄去皮後再進行烹煮，好處是可以幫助入味，
吃起來的口感也較好。去皮的方法則有——
水煮法：在番茄底部用刀輕劃十字，放入滾水中燙約
30秒至皮捲曲，再泡入冷水裡，撕去皮即可。
火烤法：番茄用刀輕劃幾刀，再用叉子從蒂頭一端
插入固定，然後在瓦斯爐火上翻轉烘烤至皮翹起，
就可以簡單快速的替番茄脫衣服囉。

材料　4～6人份

小番茄……30顆	蜂蜜……3～4大匙，
剛煮滾的熱開水	可依口味斟酌用量
……50毫升	檸檬（擠汁）……1大匙，
話梅……5顆	可依口味斟酌用量

1

將話梅放入滾開水中泡至
開水變冷，備用

Note 話梅不煮只以泡的方
式，才不易軟爛，造成番
茄混濁

2

小番茄用刀在皮上輕劃一
刀（小番茄不需劃十字）

雖然不劃開放入滾水中也會
自動破皮，但破皮的時間不
統一，會讓部份番茄煮過
頭，所以建議先劃開，再放
入滾水

3

再放入水滾的鍋中煮約
10秒

Note 小番茄不要煮過久，
否則會過於軟爛喔

4

撈起泡入冰水中，並將番
茄皮剝去

泡冰水除了快速降溫，還可
以因熱脹冷縮，皮輕碰一下
就脫掉囉

5

將去皮的番茄、做法①連汁液的
話梅、蜂蜜、檸檬汁，混合均勻，
放入冰箱冷藏約2天至入味，即
可食用

剩下的湯汁可以來泡切片芭樂，
或是加冰水稀釋成好喝的飲品

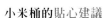

小米桶的貼心建議

也可以省略步驟①的話梅，直接將去皮
番茄拌入蜂蜜與檸檬汁。

怎樣挑選好吃的蓮藕？

芝麻蓮藕餅

好吃的蓮藕，以肥短爲佳，最好是藕節肥肥短短，
成熟度足，口感較佳；且外形要飽滿，
不要有凹凸不完整的，甚至是顏色過白的蓮藕，
那可能是經化學處理浸泡過。涼拌要挑較粗短的
藕節，口感脆嫩；藕節愈長，表示蓮藕的成熟度愈高，
口感較鬆軟，則適合煮湯。蓮藕容易氧化變黑，
可以邊切邊泡入加有白醋的水裡，或是先稍微燙過
再用來涼拌，這樣就不怕變黑囉。

材料　4人份

蓮藕 ……200公克
豬絞肉 ……150公克
蔥花 ……2大匙
白芝麻 …… 適量
太白粉 …… 適量

肉餡調味料

醬油 ……1又1/2大匙
米酒 ……1小匙
糖 ……1/4小匙
白胡椒粉 …… 少許
清水 ……2大匙
香油 ……1小匙
太白粉 ……1/2小匙

小米桶的貼心建議

可以在肉餡裡增加蝦
肉、魚漿、或花枝漿，
增加彈牙口感。

1

豬絞肉加入醬油、米酒、
糖、白胡椒粉，攪拌至起
膠狀態，再分次加入2大
匙清水，邊加邊攪拌至水
份被絞肉吸收

2

加入香油、太白粉攪拌均
勻，再加入蔥花，混合均
勻成為肉餡，備用

3

將蓮藕洗淨去皮，切成
0.3公分薄片後，放入水
滾的鍋中燙約1～2分鐘，
再撈起泡入冰水中降溫，
備用
蓮藕稍微燙過，再泡入冰
水，除了防止變黑，還能讓
口感較脆

4

將蓮藕片撈起，充分瀝乾
水份後，於表面撒上薄薄
的一層太白粉
Note 撒太白粉可以幫助蓮
藕黏住肉餡

5

取適量的肉餡放在蓮藕
片上

6

再放上一片蓮藕片，並輕
輕壓實，讓肉餡可以稍微
跑進蓮藕的孔洞裡
肉餡壓進蓮藕的孔洞裡，煎
時較易熟，藕與肉餡也不易
分離

7

再將蓮藕肉餅的外圍滾上
白芝麻
Note 也可以黑、白芝麻
混合

8

放入鍋中以中小火煎至肉
熟，即完成
Note 爐火不可過大，以
避免蓮藕煎焦了，但肉餡
半熟

芋頭要如何煮較不容易崩散糊爛？

蜜芋頭

芋頭料理多變化，可甜也可鹹。購買時應挑選
外形完整，不要有爛點，並拿起掂掂看，
相同大小愈輕的愈好，代表水分不會過多，
吃起來較鬆糯。芋頭烹煮前可先切塊狀，用油炸熟，
使其定型；或是用烤箱烤至表面變乾，
這樣煮好的芋頭比較不容易崩散糊爛。

材料　6～8人份

芋頭 …… 去皮後600公克
白砂糖 ……100公克
黃砂糖 ……50公克
清水 ……600毫升

調味料

鹽 ……1/6小匙
米酒 ……1大匙

小米桶的貼心建議

黃砂糖香氣足，但會讓蜜芋頭顏色較
深，所以與白砂糖搭配使用。

1

芋頭去皮後，將刀子稍微
切進芋頭，再將刀子往外
掰斷芋頭（稱為彈刀切法）
芋頭、地瓜以彈刀切法，可
使切面粗糙不平滑，增加受
熱面積，加速熟成，且吃起
來較香甜鬆軟

2

將芋頭粗糙面向上，並不
堆疊的攤平在蒸鍋裡
Note 芋頭不堆疊，蒸的熟
度才會一致

3

以中火蒸至筷子可輕鬆刺
過的鬆軟程度
芋頭一定要蒸到鬆軟才可
加糖，否則在糖水裡不論
煮多久，芋頭都不會再變
鬆軟喔

4

取一鍋，放入蒸熟的芋
頭，加入清水與白、黃砂
糖以及鹽
Note 鹽可以提出糖的甜
度與香氣，也能讓甜度不
膩口

5

以不加鍋蓋的方式，煮約
20分鐘
蓋上鍋蓋大火燜滾，會讓芋
頭滾散掉喔。煮的過程也不
要翻動，偶爾輕輕晃動鍋身
即可

6

淋入米酒增加香氣，再煮
約10分鐘，即完成

海南雞飯
☞ P.115

臘腸滑雞煲仔飯
☞ P.114

怎樣煮出好吃的米飯？

選米：飯要好吃，米的品質佔很大因素，新米比舊米好吃。

洗米：洗米動作要輕，不要一直用力搓米粒。如果是不沾材質的內鍋，不要直接用內鍋洗米，這樣會刮損鍋。

浸泡：洗淨後可浸泡一小段時間，讓米吸收水份，就不怕半生不熟。

烹煮：煮時可滴幾滴油，煮好的飯則會油亮閃閃動人，或是加入一小塊昆布，飯會較 Q 且帶點鹹香海味。

燜飯：飯煮好要再燜約 10~15 分鐘，米飯會更香糯彈牙。

翻鬆：等飯燜好就可以用飯勺翻鬆，讓多餘水氣蒸發散掉，這樣米飯才會鬆散好吃喔。

如何挑選好吃的米？

飯要好吃，米一定要新鮮。米儲存一段時間後，品質就會下降，所以一次購買的量不要太多。品質好的米從外觀就能看得出，米粒要充實飽滿完整，且透明帶有光澤。若米粒發黃，出現粉質碎裂，或是白色比例較多，透明度降低，則可能是舊米。

臘腸滑雞煲仔飯

材料 2～3人份

長型米（或泰國香米）
　……1又1/2量米杯
去骨雞腿肉……300公克
臘腸……2條，或與肝
　腸各1條
香菇……6小朵
清水……1又1/2量米杯
燙熟的芥藍菜或是菜心
　……適量

鹽……1/4小匙
香油……2小匙
太白粉……1小匙
薑……2片，切細絲

香菇醃料

醬油……1/2小匙
糖……1/6小匙
炒菜油……1/6小匙

拌飯醬汁

醬油……1大匙
熱開水……1大匙
糖……1小匙

雞肉醃料

蠔油（或醬油）……1小匙
米酒……1小匙
糖……1/4小匙
白胡椒粉……少許

小米桶的貼心建議

◎ 各家的爐火與鍋子導熱速度不同，米飯烹煮的
　時間要依情況調整，或是改用電飯鍋更簡單。

◎ 若拿掉臘腸，增加香菇與雞肉的份量，就是北
　菇滑雞煲仔飯。

◎ 也可以參照第22頁的芋頭排骨的排骨醃法（但
　不加芋頭），就是豉汁排骨煲仔飯。

1

將雞肉切成一口大小，加
入蠔油、米酒、糖、白胡
椒粉、鹽拌勻，再拌入香
油、太白粉、薑絲，醃約
30分鐘

Note 雞肉不要切太大塊，
才能在短時間內蒸熟

2

香菇泡軟後拌入醃料；米
洗淨用清水泡約15～20
分鐘後，瀝乾水份；將拌
飯醬汁中的糖用滾熱開水
溶化，再加入醬油，備用

3

煮一鍋滾水，用筷子夾住
臘腸，在水裡來回滑動幾
下，再取出備用

臘腸滑水可將表面被油脂沾
黏住的灰塵雜質去除，但不
可泡過久，甚至是煮，這樣
鮮味會流失在水裡

4

取一砂鍋或是鐵鑄鍋，於
鍋底均勻抹上一層油

抹油可讓煲仔飯的鍋巴較不
會緊緊的沾黏住鍋底

5

放入米，再倒入1又1/2量
米杯的清水，以中火煮滾

蓋上鍋蓋前，可用筷子在飯
裡挖幾個小洞，以方便之後
觀察水況

6

蓋上鍋蓋，轉最小火，煮
約3～5分鐘至水份約7
分乾

煮至飯面隱約可看見冒水泡
的程度，才放入配料，這樣
配料才會乖乖在飯面上

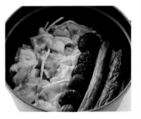

7

再迅速的放入雞肉、香菇
與臘腸，再蓋回鍋蓋，
先開中火1分鐘，讓鍋溫
回升，再轉最小火煮約
10～12分鐘後，熄爐火，
續燜約15分鐘

8

最後再將臘腸切片，並放
上燙青菜，食用時淋入拌
飯醬汁，即可

臘腸可以先切片再與飯同
蒸。我用的臘腸較肥，所
以先用牙籤刺幾個洞，再
整條放入鍋裡，這樣飯才
不會過油

海南雞飯

材料 3~4人份

白切雞 ……1/2隻
　材料與做法，請參照
　第38頁的廣式白切雞

班蘭葉 ……3片，打結
鹽 ……1/2小匙
椰奶 ……3大匙

香飯材料

長型米(或泰國香米)
　……2量米杯
煮白切雞的湯
　……2量米杯
雞油 ……2大匙，煮雞
　湯表面浮油
蒜末 ……1/2大匙
紅蔥頭末 ……1大匙
薑末 ……1/4小匙

辣椒蘸醬

朝天椒碎末 ……1/2大匙
蒜末 ……1小匙
鹽 ……1/4小匙
雞粉 ……1/4小匙
燒熱的花生油 ……1大匙

薑蔥油

材料與做法，請參照第
38頁的廣式白切雞

小米桶的貼心建議

◎ 班蘭葉可在東南亞超市購買到，或是改用香茅也行。

◎ 建議選購盒裝或新鮮的椰奶，部份罐頭式的椰奶帶有鐵鏽味，要仔細挑選，若真挑不到好的椰奶，寧願省略不用，以避免破壞香飯的美味。

◎ 剩下的椰奶可用製冰盒凍成冰塊保存，但凍過會油水分離，只適合用來做菜，不適合做甜點。

1

將雞煮熟成白切雞後，再將煮雞湯表面浮起的黃色雞油取出，備用

雞油可增加香飯的美味，比用一般炒菜油要香

Note 也可以煮白切雞之前，預先把雞屁股周圍的肥油切下，再小火煎出雞油

2

將朝天椒碎末、蒜末、鹽、雞粉，淋入燒熱的花生油拌勻後，即成為辣椒蘸醬；薑蔥油也拌好，備用

Note 可用一般的炒菜油＋香油替代花生油

3

白米洗淨後，將水份瀝乾，備用

用泰國米最適合，若只有圓米也沒關係，煮米的雞湯量則比平時煮飯用的水量要少些，讓米飯煮的乾鬆不要太黏

4

熱鍋，放入雞油爆香蒜末、紅蔥頭末、薑末，再放入白米，拌炒至米粒乾身

米與蒜、薑一起拌炒，是香飯好吃的訣竅，更是不可省略的步驟喔

5

將炒好的米放入電飯鍋裡，加入鹽、煮雞湯，拌勻，再放入打結的班蘭葉，蓋上鍋蓋，按下開關進行烹煮

6

煮至開關跳起，再把椰奶用小碗盛裝，放入飯面上，與飯同燜10分鐘

椰奶蒸過香氣更明顯：飯煮好再續燜10分鐘，可讓米粒更好吃

7

打開鍋蓋，拿掉班蘭葉，將椰奶淋入香飯，並用飯勺由下往上將飯翻鬆

椰奶可增加飯的香氣，也可以等食用時在碗裡淋入椰奶拌勻，這樣就可以吃到兩種風味的香飯

8

最後將冷卻的雞斬件，再與香飯一起排盤，食用時沾薑蔥油與辣椒蘸醬，即可

如何炒出粒粒分明的炒飯？
揚州炒飯

材料 2～3人份

冷藏過的米飯 ……3碗，
　　長型米更佳
小型的蝦仁 ……100公克
叉燒肉 ……80公克
蔥 ……3枝，切蔥花
雞蛋 ……4個

蝦醃料

米酒 ……1/2小匙
鹽 ……1/8小匙
白胡椒粉 …… 少許

調味料

米酒 ……1小匙
鹽 ……2/3小匙
雞粉 ……1/2小匙
白胡椒粉 …… 適量

炒飯要好吃，鑊氣很重要，但家庭的爐火很難達到要求，不過我們可以從幾個小撇步來作改善。1. 使用冷藏或是冷凍過的米飯來炒（若能用長形米更好），因為冰箱的冷空氣可吸收米飯多餘的濕氣，讓米粒乾鬆。2. 炒之前也可將蛋拌入米飯裡，讓米粒被蛋包覆住，就不會互相沾黏，又容易炒鬆散，甚至於還多了蛋的酥香。3. 炒飯的配料也不可過於濕潤，這也會造成炒飯濕黏不乾爽。4. 最後就是油量要足，大火快速不斷的翻動拌炒，就能炒出粒粒分明、媲美餐廳級的炒飯囉。

1

蝦仁洗淨擦乾水份後，加入醃料拌勻，放入鍋中炒熟，備用；叉燒肉切成小丁，備用

Note 叉燒肉可用煎香的午餐肉、火腿、培根替代

2

雞蛋只取2顆蛋白與4顆蛋黃，加入調味料攪打成蛋液，再倒入白飯裡

蛋比蛋白多，炒出的飯較香，也較金黃，且蛋黃越多飯越香

3

充份混合均勻，備用

Note 蛋液也可留下少許炒成碎蛋，拌入炒飯裡增加豐富感

4

熱鍋，放入2~3大匙的油，燒至中油溫後，放入做法③的飯

注意燒至中油溫時就要放入米飯喔，趁蛋未熟之前，先讓米粒被油包覆住，就不會互相沾黏

Note 炒飯的用油量不可小氣，這樣粒粒分明的炒飯才會香，吃起來也不會過於乾燥

5

快速的翻鬆米飯，等米粒沾裹到油後，再轉中大火快炒至米粒乾身，並散發出蛋香

Note 這樣炒出來的飯就是著名的碎金飯

6

再放入蝦仁與叉燒肉，邊翻炒均勻，邊加鹽調整鹹度

7

撒入蔥花

Note 也可以加入撕碎塊的蒿苣生菜一同拌炒

8

快速拌炒均勻，即完成

小米桶的貼心建議

◎ 這是廣東式的揚州炒飯，又可稱為廣東炒飯。先將米飯加蛋炒成碎金飯，再加入各種配料拌炒而成。

◎ 裹著蛋液的炒飯，因為色澤金黃，所以稱為碎金飯。若是雞蛋先入鍋炒至4分熟才加入飯同炒，則會有蛋黃與蛋白兩種色，則為金銀飯。

綿滑的粥該怎麼煮？

皮蛋瘦肉粥

選米： 圓米澱粉質多，煮粥較濃稠黏滑，長米煮粥則較清爽不糊口，可依喜好決定用米，或是取平衡各用一半。

洗米： 米洗好可拌入油與鹽，冷藏1夜，以破壞米的表層組織，讓米粒很快熬煮開花成綿狀。

水滾才放米： 一來能縮短熬粥的時間，二來還能防止粥糊底。

火侯： 先大火煮滾，再轉中火滾至米粒開花，再轉小火熬成綿狀。

攪動： 熬粥的重要動作，就是要不斷適時的攪動，粥才會產生濃稠綿滑口感。

底料分煮： 先將粥底熬好，再加配料，這樣粥才不會混濁，粥與配料才能保有自己的味道，吃起更具風味與清爽。

材料 3～4人份

米 ……1量米杯
花生油（或一般的炒菜油）
　　……1大匙，醃米用
鹽 ……1/4小匙，醃米用
薑 ……2片
清水 ……10～14量米杯

配料

全瘦的豬後腿肉
　　……200公克
鹽 ……1小匙，醃豬肉用
皮蛋 ……2～4顆，
　　依喜好決定用量
蔥花 …… 適量
油條 ……1條，搭配粥
　　食用，可省略

1

將米洗淨，瀝掉水份，加入花生油與鹽拌勻後，放入冰箱冷藏1夜，備用

也能將米洗好放入冷凍庫冰凍，藉由冰凍結晶的方式，來改變米粒的組織

2

豬肉洗淨瀝乾水份，撒上少許份量外的米酒，再抹上鹽，放入冰箱冷藏1夜，成為鹹豬肉，等隔日煮粥前再將肉沖洗去表面的鹽份，備用

Note 也可以不醃鹹肉，煮粥前先將整塊肉放入滾水中汆燙

3

取一湯鍋，倒入清水煮滾後，放入薑片與鹹豬肉，煮至肉變色

煮粥的水量可依口感決定，濃粥約米1水6～8，稀粥則米1水14～18的比例

4

等水再次煮滾後，才加入做法①的白米

也可以在鍋中放一隻瓷湯匙，增加鍋內的循環對流，讓粥不易糊也能防溢鍋

5

先以中大火煮約20～30分鐘，至米粒開花

Note 也可以加入一顆切碎的皮蛋，讓粥帶有淡淡的皮蛋香

6

再轉小火慢煲至喜愛的濃稠度，約1個小時

Note 此時就要開始適時的攪動，防止鍋底燒焦，以及透過不停的攪動，讓粥產生稠狀

7

粥底煮至快要完成的前10分鐘，先將粥裡的豬肉取出，等不燙手時撕成肉絲，備用

8

等粥底煮好後，再將先前的肉絲放回鍋裡拌勻

9

將皮蛋切塊放入碗底，盛入粥，再撒上適量蔥花，食用時撒點鹽，並搭配油條，即完成

小米桶的貼心建議

也可不加豬肉，單用米熬成粥底後，再加其他配料變化成不同的粥，比如：海鮮粥、豬肝粥、魚片粥。

如何簡易做蛋包飯？

牛肉咖哩蛋包飯

蛋皮式的蛋包飯：
可以在蛋液裡加入太白粉水，增加蛋皮的彈性與
韌度，將蛋皮煎香後再放在適當大小的碗裡
攤開墊底，再放入炒好的飯，並將碗周圍多出的
蛋皮把飯包起來，最後倒扣在盤裡就完成啦。

滑蛋式的蛋包飯：
可以在蛋液裡加入牛奶，增加嫩度，再將蛋炒成
5分熟，就不再翻動，等底部稍煎定型，
差不多6~7分熟，再整片滑移至炒飯上覆蓋住飯，
就輕鬆的完成囉。

材料 2人份
熱米飯 ……2人份
奶油 ……1/2小匙
巴西利(Parsley)碎末
　……少許

牛肉咖哩
牛肉薄片 ……150~
　200公克
洋蔥 ……1/2個
紅蘿蔔 ……1/3根
清水 ……400毫升

紅酒 ……50毫升，
　或用清水替代
市售日式咖哩塊
　……2又1/2小塊，
　約50公克
鹽和黑胡椒粉 ……少許

滑蛋材料
雞蛋 ……4個
牛奶 ……2大匙
鹽和黑胡椒粉 ……少許

1

牛肉切3公分段；洋蔥切絲；紅蘿蔔切碎末，備用

Note 紅蘿蔔切碎末較易煮熟與釋放甜度

2

熱油鍋，炒香洋蔥、紅蘿蔔後，加入清水煮至洋蔥、紅蘿蔔熟軟，再放入咖哩塊，煮至溶化，再加鹽與黑胡椒粉調整鹹度

Note 也可以加入1/2小匙的咖哩粉一起拌炒，增加香氣

3

等稍微降溫後，放入果汁機或是用食物調理棒打碎，即為咖哩醬，備用

Note 若能前一天先將咖哩醬煮好，味道會更熟成、更香喔

4

熱油鍋，將牛肉片煎至稍微變色後，再倒入紅酒，煮至滾

Note 鍋要燒夠熱，才下牛肉，以鎖住肉汁保持嫩度

5

再將做法③的咖哩醬與牛肉混合，煮約2~3分鐘，即成為簡易的牛肉咖哩，備用

咖哩醬可以一次多煮點，再分小份冷凍保存，需用時，只要再加入牛肉，即可快速料理完成

6

將熱米飯加入奶油，拌勻後分成2等份，盛入盤中，備用

米飯加入奶油可增加香氣，也能拌入葡萄乾，或是巴西利碎末

7

將滑蛋材料分成2等份。取2顆蛋、1大匙牛奶、少許鹽和黑胡椒粉，攪拌均勻成蛋液

加牛奶可讓蛋變嫩

8

熱油鍋，將蛋液倒入鍋中後，用筷子不斷拌炒至4分熟

可用筷子沾點蛋液放入鍋中，若能快速凝固，則鍋溫已達到標準，即可倒入蛋液

9

將蛋聚集在鍋邊，並整成橢圓形

Note 爐火轉小，以避免將蛋煎過熟

10

再將蛋包放在飯上，用刀將蛋包從中間割劃開

Note 將蛋包表面劃開即可，不要割劃得太深喔！蛋包要保持在5~6分熟才能成功攤開

11

蛋包即整個攤開覆蓋住米飯

Note 也可以將蛋煎炒至半熟，整片滑移至米飯上

12

最後再淋入牛肉咖哩，撒上少許巴西利碎末即完成

Note 續將另一份蛋包飯製作完成

如何煮出彈性 QQ 的米粉？

星洲炒米粉

煮米粉，人人都有自己的一套方法。我則是學習餐廳師傅的手法，
米粉不用花時間浸泡，又可以達到彈牙 QQ 的口感喔。首先煮一鍋滾水，
放入少許鹽與油，可增加米粉的味道與潤度，再直接放入乾米粉煮至軟，
煮的時間不要長，變軟即可撈起，放入大盤或大碗中攤開，
再覆蓋住乾淨的毛巾，或是蓋上鍋蓋，燜幾分鐘，然後再把米粉
稍微剪短，並撥鬆散，這樣就能讓米粉達到彈牙 QQ 的口感囉。

小米桶的貼心建議

◎ 叉燒肉可用煎香的午餐肉、
  火腿、培根替代。

◎ 也可在最後拌入配料時加入
  銀芽與韭黃。

◎ 在香港，星洲炒米粉用的是
  較粗身的江門排粉，但我喜
  歡細米粉的口感，所以採用
  新竹米粉來炒製。雖然米粉
  細，但彈牙口感卻更讚喔。

材料 3~4人份

乾米粉 ……200公克
小型的蝦仁 ……120公克
叉燒肉 ……100公克
雞蛋 ……1個
洋蔥 ……1/2個，切絲
青椒 ……1/4個，切絲
紅甜椒 ……1/4個，切絲
紅蔥頭末 ……1大匙
炒菜油 ……1大匙，
　燙米粉用
鹽 ……1小匙，燙米粉用

蝦醃料

米酒 ……1/2小匙
鹽 …… 少許
白胡椒粉 …… 少許

調味料

咖哩粉 ……1大匙
黃薑粉 ……1小匙
高湯 ……100毫升
醬油 ……1小匙
糖 ……1小匙
鹽 …… 適量

1

煮一鍋適量的滾水，放入炒菜油、鹽，再將乾米粉放入燙至變軟散開後，撈起瀝乾水份

不需燙過久，只要米粉變軟後即可撈起

2

再放入大碗(鍋)中，並蓋上毛巾、或棉布、或盤、鍋蓋，燜約5分鐘，再將米粉稍微剪短，並撥鬆散，備用

燜過的米粉彈性才佳

3

雞蛋打散，放入鍋中煎成蛋皮，降溫後再切成蛋絲，備用；叉燒肉切成肉絲，備用

4

蝦去腸泥後，加入太白粉與鹽抓拌，清洗乾淨，再將水份徹底擦乾，加入醃料拌勻，放入鍋中炒熟，盛起備用

5

續以炒蝦的鍋，依序各別的將洋蔥、青椒、紅甜椒炒熟，並加少少鹽調味，盛起備用

預先炒熟配料，這樣配料就不會被咖哩染成黃色，影響色澤，也能保有自己的味道，不會全是咖哩味

6

續以原鍋，放入2大匙炒菜油，爆香紅蔥頭末，再轉最小火，放入咖哩粉、黃薑粉炒香

鍋溫若很熱，可先熄火，再放入咖哩粉、黃薑粉拌炒，以避免過熱產生苦味

7

加入高湯、醬油、糖，煮滾

8

再放入米粉，左右手各拿一雙筷子，不停的將米粉撥散、挑翻鬆、拌炒

Note 拌炒時可適時的邊炒邊加入炒菜油，這樣米粉吃起來較有潤度不乾澀

9

等米粉炒均勻後，再加入叉燒、蛋絲、蝦仁、洋蔥、青椒、紅椒拌勻，即完成

拌炒時，再做最後試味，並加鹽調整鹹度

麵線如何煮才不會一鍋糊？

蚵仔麵線

麵線吸水性很強，一不小心就會變成糊爛的口感，
所以煮麵線時水量一定要多，煮熟後再撈起用冷開水
洗去黏液，這樣不但可以增加麵線的彈性，
口感也不糊爛，而且麵線本身具鹹度，還可以藉此洗
掉多餘的鹽份喔。麵線又分成白麵線與紅麵線，
比如：紅麵線的蚵仔麵線。紅麵線是將白麵線蒸過
製成的，彈性雖有減少，但久煮不爛；
所以我們也可以自己把白麵線先蒸 15 分鐘後再煮，
麵線就不太容易糊爛，還帶 Q 勁喔。

材料　4人份

紅麵線 ……120公克
蚵仔 ……300公克
熟竹筍 …… 適量，
　或高麗菜
紅蘿蔔 ……1/2根
木耳 ……30公克
高湯 ……1600毫升
柴魚片 ……20公克
地瓜粉 ……2大匙，
　拌蚵仔用
太白粉水 …… 適量，
　勾芡用

調味料

油蔥酥 ……1大匙
醬油 ……3大匙
鰹魚粉 ……1大匙
糖 ……1大匙
香醋 ……2大匙
白胡椒粉 …… 適量
鹽 …… 適量

淋醬

蒜泥 …… 適量
香醋 …… 適量
香菜末 …… 適量

1

將熟竹筍、紅蘿蔔、木耳，
分別切成絲狀，備用

2

將蚵仔加入適量的太白粉
輕輕抓拌，再邊沖洗邊將
皺摺處的細碎蚵殼挑出，
重複2～3次，瀝乾水份

3

再將蚵仔與地瓜粉混合均
勻，放入水滾的鍋中快速
汆燙後，撈起泡入冰水，
備用

水滾先熄火才放入蚵仔，且
不要馬上翻動，地瓜粉才會
裹住蚵仔不脫落，以達到滑
嫩的效果

4

紅麵線放入滾水中煮軟後
撈起沖洗，再瀝乾水份，
切成小段，備用

5

取一湯鍋，倒入高湯煮
滾，再加入柴魚片續滾約
1分鐘後，用網勺撈除柴
魚片成為柴魚高湯底

柴魚片勿在鍋中煮過久，以
避免釋出苦澀味

6

將筍絲、紅蘿蔔絲、木耳
絲、紅麵線，放入湯鍋中，
煮至紅蘿蔔熟軟，再加入
調味料，調整味道

Note 調味料中的糖、香
醋、鹽，可以邊煮邊以自
己的口味再調整用量

7

然後邊攪拌邊倒入太白粉
水勾芡

Note 太白粉水可以依喜好
的濃稠度決定用量

8

等湯再次滾時，將蚵仔一
顆顆的放入，續煮至湯
滾，即可盛入湯碗，再撒
上蒜泥、香醋、香菜末，
即完成

Note 蚵仔不要一整碗的倒
入鍋中，且蚵仔易熟只需
稍微煮一下即可

麵條要怎麼炒才能均勻入味，又不結成一團？

乾炒牛河

炒麵的重點，就是炒之前要將麵條分開撥鬆散。先將配料
炒熟，再放入煮熟的麵條，用筷子輔助鍋鏟，不停翻動、
撥鬆的大火快炒，這樣麵條就會均勻入味，又不結成一團。

材料 2～3人份

牛柳 ……150公克
新鮮粄條 ……400公克
銀芽 ……80公克
韭黃 ……60公克，
　　切段長
蔥 ……3枝，切段

醬油 ……2小匙
糖 ……1/2小匙
太白粉 ……2/3小匙
香油 ……1小匙
炒菜油 ……1小匙

醃料

清水 ……1大匙
蛋白 ……2小匙
米酒 ……1小匙

調味料

醬油 ……2大匙
老抽 ……2小匙，增加
　　醬色用，可省略
鹽 ……適量

小米桶的貼心建議

在香港河粉有分湯河與炒河，此道料理不可用湯河，軟度會不夠，易炒碎。

1

牛肉逆紋切片，先加入清水拌勻，再加入蛋白抓拌後，拌入米酒、醬油、糖，再依序加入太白粉、香油、炒菜油拌勻，備用

2

將整片粄條相疊的部份翻開，再切成1公分寬度的條狀，再將粄條抖鬆

將相疊的部份翻開再切，就可以輕鬆的抖散，炒時也較易翻炒入味，不結成一團

3

將粄條放入大碗中，加蓋，放入微波爐以中強火力（1000瓦）叮約3分鐘
Note 家中若無微波爐，可用不沾鍋，以少許油將粄條煎熱，並散發出米香

4

取出粄條，加入醬油、老抽拌勻，再試味道，加鹽調整鹹度

先將醬油拌入粄條，就不用擔心炒的速度不夠快手，粄條上色未均勻就黏鍋底了

5

熱油鍋，將牛肉不重疊的放入鍋裡，以中大火鍋煎至底部變色，再翻面煎上色後，盛起

牛肉用煎的方式（不要重複翻面煎）可以減少用油量，但鍋要燒夠熱，才下牛肉，以保持嫩度

6

續以原鍋，放入銀芽、韭黃炒至微軟

7

加入粄條、牛肉，邊炒邊試味道，決定是否加鹽或醬油調整鹹度

8

最後再放入蔥段翻炒數下，即完成

麵條要怎麼煮才彈牙？

沙茶豬扒炒公仔麵

水滾才放入麵條，水裡則可以加點鹽與油，避免結塊、沾黏鍋底，
滾後可再加入冷水續煮至滾，重複2~3次，讓麵條因熱脹冷縮變得Q彈。
若是後續還要再乾炒的麵條，則煮好撈起泡入冷水，洗去黏液，
防止持續糊化，或是直接拌入香油撥鬆即可。煮義大利麵條則撈起後
不要再拌油，更不可再用水洗過，這樣麵條才容易巴住醬汁，
義大利麵才好吃。

材料　2人份

豬里肌肉 …… 1公分
　厚的3～4片
出前一丁泡麵(麻油口味)
　…… 2包
洋蔥 …… 1/4個，切絲
銀芽 …… 70公克
韭黃 …… 60公克，
　切段長
蔥 …… 2枝，切段長

蒜末 …… 1/2小匙
清水 …… 2大匙
太白粉 …… 1/2小匙

調味料

沙茶醬 …… 1又1/2大匙
清水 …… 150～200
　毫升
醬油 …… 2大匙
老抽 …… 1小匙，
　增加醬色用，可省略
泡麵調味粉 …… 1小匙
糖 …… 1/2小匙

豬肉醃料

醬油 …… 1/2大匙
米酒 …… 1/2大匙
白胡椒粉 …… 少許

1

用刀把豬排外圍的肉筋切斷，再用肉槌敲幾下，以斷肉筋

2

加入豬肉醃料(太白粉除外)，用手抓拌至水份被肉完全吸收，再放入太白粉拌勻，靜置醃約15分鐘，備用

拌入太白粉可讓豬排形成一個保護膜，煎時就可以封住肉汁，保持鮮嫩

3

取一鍋，加入適量水，煮滾後，放入泡麵煮至麵散開來，即可馬上撈起

泡麵只需燙煮至散開即可撈起，再下鍋拌炒後的口感才會Q彈不軟爛

4

用冷水沖洗降溫後，再瀝乾水份，拌入泡麵所附的麻油包，並撥鬆散攤在盤上，備用

拌入麻油，除了可增加香氣，還能防止麵條沾黏成一團，或是燒焦黏鍋底

5

熱油鍋，先將豬排底部煎至微焦，再翻面煎熟，盛起等稍微降溫後，切小塊，備用

煎豬排忌反覆來回翻面，且剛煎好的豬排不要馬上切，否則會讓肉汁流失

6

續以原鍋，以適量油將洋蔥炒至微變透明，再轉小火，放入沙茶醬炒至香味溢出

將沙茶醬拌炒過更能帶出香氣，但注意要用小火炒，才不會燒焦產生苦味

7

再加入清水、醬油、老抽、泡麵調味粉、糖，以中火煮滾

Note 可以利用等待湯滾的時間，分切煎熟的豬排

8

加入做法④的泡麵，炒至麵條散開並入味

Note 用筷子輔助鍋鏟，將麵條撥散、翻鬆、拌炒

9

最後再加入銀牙、韭黃、豬排、蔥段，拌炒均勻，即完成

小米桶的貼心建議

◎ 沙茶醬可替換成XO醬。豬排可替換成牛肉、雞柳，或是海鮮。

◎ 泡麵建議使用出前一丁，或是韓國泡麵，其麵條耐煮，較適合乾炒。

◎ 若是咖哩、泡菜、泰式酸辣之類的泡麵調味粉，勿用，以免干擾味道，可用鹽或醬油替代。

和麵時水份要如何拿捏？

牛肉捲餅

新手和麵時最常碰到的問題，就是太濕造成麵團黏手。明明照著配方做，怎麼還會失敗呢？和麵團的水量可以先測量出基本配方量，但絕不可一次全加入麵粉裡。如果麵粉已開封一段時間，又沒封好保存，很容易吸收空氣中的濕氣，造成吸水性變低；所以和麵時水要邊揉，邊分次加入，這樣就能成功地和出麵團囉。麵團的軟硬度又該如何拿捏？製做麵條的麵團要稍硬些，若是一般的麵點，則最佳麵團手感要如耳垂般的柔軟。

材料 4捲，約2~3人份

滷牛腱 …… 1個，做法
　　可參考第34頁醬牛肉
小黃瓜 …… 2根
蔥 …… 適量

荷葉餅皮材料（4張）

中筋麵粉 …… 200公克
鹽 …… 1/4小匙
滾水 …… 170公克
炒菜油 …… 適量

抹醬

甜麵醬 …… 2大匙
糖 …… 4小匙
香油 …… 2小匙
清水 …… 2大匙

1

將抹醬放入鍋中小火拌炒至濃稠狀，盛起備用；小黃瓜切成長條狀；蔥洗淨，取蔥白部份，備用
Note 小黃瓜要用鹽稍微搓下表面，再清洗乾淨，這樣小黃瓜就不會有青澀味

2

滷牛腱切成薄片，備用
Note 滷牛腱要放涼後才切的漂亮

3

將麵粉與鹽放入大盆中混合均勻，再把滾水倒入麵粉中，用筷子攪動，使其散熱
要盡量讓熱氣散掉，麵團才不會濕黏

4

等溫度稍微降下來後，手抹油，將燙麵團揉均勻，蓋上保鮮膜靜置30分鐘
靜置後的麵團較不黏手

5

將麵團搓成條狀後，均分成4等份，搓揉成球狀，再用手壓扁，並抹上適量的炒菜油
Note 如果會黏手，手沾點油即可

6

將兩個小麵餅有刷油的那面疊在一起，兩個為一組，共二組

7

再擀成約23~24公分的薄餅狀

8

燒熱平底鍋，以中火將餅烙約15秒，翻面再烙至中間鼓起

9

將烙好的餅撕開成兩張，即完成荷葉餅

10

取一張荷葉餅，均勻的塗上抹醬，再鋪牛肉片，並放上小黃瓜與蔥，捲成捲餅，再切段長，即完成
Note 滷牛腱也可以替換成第48頁的京醬雞肉絲

如何讓羹湯更香滑好喝？

雞蓉玉米羹

製作羹湯時，可以加入太白粉水勾芡煮稠，
讓羹湯喝起口感滑溜，若勾好芡再加入蛋花，
則可讓羹湯口感更上一層樓。羹湯勾芡前，
要先調整好味道，否則調味料較不易均勻，
而加入蛋花則要在勾芡後，這樣蛋花才會滑嫩可口。

材料　4人份

雞胸肉 ……150公克
新鮮玉米 ……3根
洋蔥…… 中小型的1/2個
蒜末 ……1/2小匙
雞蛋 ……1顆
雞高湯 ……600毫升
奶油 ……1小匙

調味料

鹽 …… 適量
粗粒黑胡椒粉 …… 適量

雞肉醃料

米酒 ……1小匙
鹽 …… 少許
太白粉 ……1/6小匙
薑片 ……2片
蒜頭 ……1瓣
蔥白 ……1枝，拍扁

1

雞胸肉洗淨，在肉厚處順著肉紋劃幾刀，加入醃料抓拌，再放入鍋中蒸熟

醃料中拌入少許太白粉，可讓蒸熟的雞胸肉不乾柴

2

將熟雞胸肉拍鬆，再切細丁；洋蔥切細丁；雞蛋打散成蛋液，備用

3

玉米洗淨後，用刀切下玉米粒

也可以用市售的罐頭玉米粒打成漿，或是直接用罐頭玉米醬，但用鮮玉米更香甜好喝

4

再加入雞高湯，用食物料理機或果汁機攪打成漿

Note 若希望有奶味，可加1大匙奶粉或鮮奶油，或用牛奶替代一部份雞高湯做湯底

5

取一鍋，用奶油將蒜末、洋蔥細丁，炒出香味

6

倒入玉米漿拌勻，煮至湯滾，並加鹽與粗粒黑胡椒粉調味

Note 玉米本身含豐富的澱粉，所以不用額外勾芡，即能自然產生濃稠

7

加入雞胸肉拌勻，續煮至滾，即可熄火

8

熄火，將蛋液邊加邊以同一方向攪拌成蛋花，即完成

熄火才打入蛋花，這樣蛋花口感才會滑嫩

南瓜濃湯更好喝的秘訣？

奶油南瓜濃湯

南瓜的選擇很重要，若買的到奶油瓜（butternut squash）最適合不過了，或是採用日韓的綠皮南瓜也很香甜。南瓜可以直接切片煮至軟爛，若想味道更好，可先將切大塊的南瓜拌點奶油與橄欖油，用烤箱烤至熟軟，南瓜的水份烤乾了，剩下的是濃縮的甜度與香氣。煮的過程可以加入咖哩粉提味增香。最後打成糊狀時，則可以加點帶酸度的食材，比如：蘋果、番茄、原味優格，讓南瓜濃湯的口感更富層次，更好喝。

材料　4～6人份

南瓜 ⋯⋯ 去皮去籽後，約500公克，切薄片
蕃薯 ⋯⋯1個，去皮後約150公克，切薄片
洋蔥 ⋯⋯ 中小型的1顆，切碎
西洋蒜（Leek）⋯⋯1/2根，切碎，或用大蔥（京蔥）
　蔥白部份替代
蘋果 ⋯⋯ 中小型的1/2個，切薄片
雞高湯 ⋯⋯500毫升
動物性鮮奶油 ⋯⋯100毫升
奶油 ⋯⋯1小匙
咖哩粉 ⋯⋯1/4小匙
鹽和黑胡椒粉 ⋯⋯ 適量

1

熱鍋，放入奶油，炒香洋蔥、西洋蒜

2

再加入南瓜、蕃薯、咖哩粉，拌炒均勻

咖哩粉具有提味增香的效果

3

加入雞高湯，煮至南瓜、蕃薯熟爛

4

等做法③稍微降溫後，放入果汁機，並加入蘋果片，攪打成糊狀

帶點酸味的蘋果可讓南瓜的香甜味顯現出來，讓口感更富層次

5

再將南瓜糊放回鍋中，加入鮮奶油、鹽以及胡椒粉調味

6

邊煮邊攪拌至滾，即完成
Note 邊煮邊攪拌，以避免鍋底燒焦

小米桶的貼心建議

奶油瓜（butternut squash）的味道介於南瓜與番薯之間，非常的香甜可口，所以我採用一般的南瓜加上番薯的搭配方式來製作南瓜濃湯。

為什麼肉類要先汆燙過才可下鍋燉煮成湯？

栗米甘筍
煲豬骨湯

好喝的湯，鮮味大多來自於肉類，所以肉類必須先汆燙過才可下鍋燉煮，這樣可以逼出肉類的血水，去除腥味，防止污染湯水造成湯水混濁；而且汆燙時也能去除部份油脂，湯喝起來不會過於油膩。另外燉煮湯的肉類汆燙時要以冷水或溫水下鍋，才能將血水逼出；若是滾水下鍋，肉類會因瞬間遇熱，表面的蛋白質迅速凝固，血水污物反而被鎖住出不來，那就失去汆燙的意義囉。

材料　4人份

肉較少的排骨 ……300公克	南杏 ……4錢
紅蘿蔔 ……1根	北杏 ……1錢，或單用 南杏
青蘿蔔 ……1根， 可用紅蘿蔔替代	蜜棗 ……4顆
玉米 ……2根	清水 ……2000毫升
	鹽 …… 少許

1

將排骨放入冷水鍋中，煮至滾約1分鐘後，撈起洗淨浮沫與碎骨，備用

排骨要冷水下鍋，才能將骨頭裡的血水逼出，若滾水下鍋，血水污物會因瞬間遇熱被鎖住

2

紅蘿蔔、青蘿蔔去皮後，切大滾刀塊；玉米洗淨切大塊，備用

小米桶的貼心建議

◎ 栗米：廣東話的玉米；甘筍：廣東話的紅蘿蔔。

◎ 喝老火湯一般都不加鹽的，單喝就已經夠鮮美了，若要加鹽，則要在喝前才加入。

◎ 長時間的煲煮，食材的鮮味大多都在湯裡了，除非已煮到沒味，或太乾硬的才不吃，就只喝湯。

◎ 我家婆婆說湯煲好後，要用湯勺稍微攪動一下再盛來喝，這樣湯面與湯底的味道才均勻。

◎ 水的用量與家中爐火、鍋密閉性有關連，多煲幾次就能抓出適當的水量。若非不得已中途需加水，則要加滾水，反之水過多，讓湯的鮮味過稀，則可掀開鍋蓋，以中大火將湯水滾蒸發即可。

3

取一至少5公升的湯鍋，放入清水煮滾後，放入排骨、紅蘿蔔、青蘿蔔、玉米、沖洗乾淨的南北杏與蜜棗

Note 因為要以中火滾30分鐘，若鍋太小，湯就會溢鍋

4

大火煮滾，轉中火煮30分鐘，再轉小火慢煲1.5小時，熄火，加少許鹽拌勻，即完成

湯要好喝火候很重要，大火是將水煮滾，中火是要將食材滾出味道讓湯變鮮甜，最後再小火慢煲，就能煲出濃郁鮮美的老火湯

青蘿蔔

可在大型傳統市場購買。
外皮綠色的蘿蔔，具有清熱
健胃、化痰滋潤、助消化的
功效。

南杏、北杏

可在中藥店購買，價格不
貴。南杏潤肺，北杏止咳，
兩者合用有潤燥的功效。但
北杏帶苦味與毒性，所以用
量不可多，也不可生食。

蜜棗

可在中藥店購買，價格不
貴。又稱為金絲棗，具有滋
補肝腎，潤肺止咳的功效。

陳皮

可在中藥店購買，價格不
貴。曬乾的橘子皮，且放的
越久、越陳，功效就越好，
具有通氣健脾、去燥濕化痰
的功效。烹煮肉類時加少許
可以解膩僻腥，另外煮紅豆
湯時也可以加入增加香氣。

勾芡用什麼粉？不再傻傻分不清楚

冰花馬蹄露

太白粉：台灣的太白粉大部份是以樹薯為主要原料，外國的太白粉則是以馬鈴薯粉為主（比如：日本太白粉）；用樹薯做的太白粉勾芡較易還水（回復水狀），而馬鈴薯粉則較濃稠，維持度也較久。

玉米粉：濃稠度佳，不易還水，所以常應用在西點，但勾芡出的色澤較不透明晶亮。

地瓜粉：比太白粉要濃稠，且易結粒，用來勾芡較難掌控，所以較少用地瓜粉勾芡。

材料　4人份

荸薺（馬蹄）‥‥‥180公克
馬蹄粉 ‥‥‥2大匙，
　　可改用玉米粉
清水 ‥‥‥100毫升，
　　調馬蹄粉用

雞蛋 ‥‥‥1顆，可改用
　　2顆雞蛋白
清水 ‥‥‥800毫升
薑 ‥‥‥2片
冰糖 ‥‥‥90～100公克

1

將荸薺洗淨，用刨刀刨去皮後，切成薄片；馬蹄粉用100毫升的水調開；雞蛋攪打成蛋液，備用

去完皮的荸薺要先泡在清水中，以預防氧化變褐色

2

取一湯鍋，放入800毫升清水、荸薺片、薑片、冰糖，煮至冰糖完全溶化

3

再邊倒入馬蹄粉水，邊以同一方向攪拌均勻，續煮至滾

馬蹄粉水下鍋前要再攪拌均勻，以避免結塊，且要慢慢的淋入鍋裡，邊用湯勺快快的攪拌

4

熄火，將蛋液慢慢的淋入鍋裡，邊用湯勺快快的攪拌成蛋花，即完成

Note 淋入蛋液時，一定要用湯勺以同一方向快快的攪拌，才會呈現絲狀的蛋花

如何煮魚湯只有鮮味，無腥味？

番茄薯仔煲魚湯

煮魚湯最重要的就是魚要夠新鮮，先爆香薑片，再下魚煎香，這樣煮出來的魚湯不只無腥味，喝起來又香滑。若希望湯色更加奶白，則可以將煎香的魚加入滾水，魚湯就會有更理想奶白效果。另外也可以加入豬肉或雞一同燉煮，則會另魚湯更加鮮甜可口喔。

材料　4人份

當季盛產的鮮魚……300公克
瘦肉……200公克
番茄……中型的4個
馬鈴薯……2個
紅蘿蔔……1根
陳皮……約10元硬幣大小
清水……2000毫升
薑……2片，煎魚用
鹽……少許

1

將瘦肉切大塊，放入冷水鍋中煮至滾，再撈起洗淨浮沫；番茄、馬鈴薯、紅蘿蔔去皮切大塊；陳皮泡軟後，刮去內面的白囊，備用

陳皮內面的白囊具有苦味，所以泡軟後要刮除

2

取一鍋，將番茄、馬鈴薯、紅蘿蔔用少許油炒出香味

番茄、馬鈴薯、紅蘿蔔炒過再煲湯，香味更足，且營養成份更能完全釋放出來

小米桶的貼心建議

◎ 魚的種類，只要是當季盛產的鮮魚皆可。比較常用的是紅目鰱、金線魚、鱸魚、草魚，鯽魚也不錯，但魚刺又多又細，要稍注意。

◎ 喝不完的魚湯可濾掉渣後，隔餐用來當麵線的湯頭，非常棒！

◎ 也可將煲好的魚湯濾掉渣後，作為火鍋湯底，我們家都是這樣做的喔。

3

另取一至少5公升的湯鍋，放入清水煮滾後，加入瘦肉、番茄、馬鈴薯、紅蘿蔔、陳皮，煮至滾

4

等做法③的湯滾後，即可用先前炒番茄的鍋子爆香薑片，再放入清洗乾淨的魚，煎至兩面微金黃

將魚煎香才煲湯，較沒有腥味，喝起來又香滑

5

再將煎好的魚放入滾沸的湯鍋裡

魚刺多的魚，建議放在棉布袋裡，湯裡才不會有細刺或是選用魚刺少的魚種，就可以直接入鍋煲

6

大火煮滾後，轉中火煮約30分鐘，再轉小火慢煲約1小時，熄火，再加少許鹽拌勻，即完成

Note 用番茄煲的魚湯非常鮮甜，不需加鹽就好好喝，連從小不喝魚湯的我一喝就愛上

Kitchen Blog

238個料理的為什麼？小小米桶的不失敗廚房：
掌握過程中的小細節，就是美味菜餚成功的大關鍵！

作者　吳美玲

出版者 / 出版菊文化事業有限公司　P.C. Publishing Co.

發行人　趙天德

總編輯　車東蔚

文案編輯　編輯部　美術編輯　R.C. Work Shop

攝影　吳美玲

台北市雨聲街77號1樓

TEL：(02)2838-7996　　FAX：(02)2836-0028

法律顧問　劉陽明律師 名陽法律事務所

初版日期　2012年6月

定價　新台幣350元　　特價　新台幣320元

ISBN-13：978-986-6210-18-1　　書 號　K09

讀者專線　　(02) 2836-0069

www.ecook.com.tw

E-mail　service@ecook.com.tw

劃撥帳號　19260956 大境文化事業有限公司

238個料理的為什麼？小小米桶的不失敗廚房：
掌握過程中的小細節，就是美味菜餚成功的大關鍵！
吳美玲　著 初版. 臺北市：出版菊文化，2012[民101]
144面；19×26公分. ----（Kitchen Blog系列：09）
ISBN-13：9789866210181
1.食譜　2.烹飪
427.1　　　101009599

沿 虛 線 剪 下

台北郵政 73-196 號信箱

大境（出版菊）文化　　收

姓名：　　　　　電話：

地址：